Geraden und Parabeln im Koordinatensystem

Geraden und Parabeln
im
Koordinatensystem

Erste Schritte in der analytischen Geometrie

Alexander Roux

Impressum

Selbstverlag, Brühl, NRW
CreateSpace Independent Publishing Platform
ISBN-13: 978-1535595261
ISBN-10: 1535595264

Vorwort

Das Hauptziel dieses kleinen Textes ist es, den Leser bekannt zu machen mit den Koordinatensystemen und ihren einfachsten Anwendungen: Punkten, Geraden und Parabeln. Das Teilgebiet der Mathematik, das sich mit der Beschreibung geometrischer Objekte mit Hilfe eines Koordinatensystems beschäftigt, heißt *analytische Geometrie*.

Die Lektüre des Buches erfordert nur wenige Vorkenntnisse. Für das Verständnis der Punkte und Geraden reichen die Vertrautheit mit Buchstaben und einfachen Gleichungen. Beim Verständnis der Parabel und ihres Scheitelpunktes wären quadratische Gleichungen hilfreich, insbesondere die sogenannte quadratische Ergänzung. Bei der Betrachtung von Abstanden (beispielsweise zwischen zwei Punkten) ist der Satz des Pythagoras die Grundlage.

Der Leser wird für seine Mühe bei der Lektüre dieses Buches reichlich belohnt. Mit dem erworbenen Rüstzeug steht ihm die Tür zur höheren Mathematik weit offen. In der Tat ist einer der Erfinder der Koordinatensysteme, Pierre de Fermat, durchgestartet und hat auch die Grundlagen der Differentialrechnung entwickelt und erste Beiträge zur Integralrechnung geleistet.

Es gibt eine ständig steigende Tendenz in den Schulen des Westens, die Grundideen in der Mathematik durch eine Vielzahl von vermeintlich „praktischen“ oder „alltäglichen“ Beispielen zu verdunkeln.
Der vorliegende Text möchte einen Beitrag dazu leisten, die wesentlichen Gedanken wieder deutlich erkennbar zu machen.

Dr. A. Roux
Brühl, März 2016

Inhalt

1. Einführung

Koordinatensysteme sind mehrmals erfunden worden, zuerst von Nicole d'Oresme (ca. 1320 - 1382). Mit ihrer Hilfe hat er nicht nur Punkte der Ebene durch Zahlen, nämlich die Links-rechts-Position und die Höhenposition, beschrieben. Ihm war auch klar, dass eine Kurve (die ja aus unendlich vielen Punkten besteht) durch eine Zahlentabelle oder durch eine Rechenbeziehung (Höhenberechnung in Abhängigkeit von der Links-rechts-Position) gegeben werden kann.

Nicole d'Oresme
1320-1382

Oresme war ein Geistlicher, sogar Bischof von Lisieux. Er hat noch andere wichtige Beitrage zur Wissenschaft geleistet:

- Mathematik:
  Er hat als erster erkannt, dass Potenzen mit Brüchen als Exponenten möglich sind und als Wurzeln interpretiert werden können, wie zum Beispiel $3^{\frac{1}{2}} = \sqrt{3}$.
- Physik:
  Nicole d'Oresme und Thomas Bradwardine (ca. 1295 - 1345), einer der *Oxford Calculators*, haben unabhängig voneinander die Gesetzte des freien Falls gefunden. Die Entdeckung der Fallgesetze wird oft dem etwa 200 Jahre später geborenen Galileo Galilei (1564 - 1642) zugeschrieben.

- Volkswirtschaftslehre:
  Oresme ist der Begründer Nationalökonomie.

François Viète
1540-1603

Die Koordinatensysteme sind dann für etwa zwei Jahrhunderte ohne Beachtung geblieben und in Vergessenheit geraten. Ein Grund mag gewesen sein, dass eine effiziente Formulierung der Rechenbeziehung bei der Kurvenbeschreibung noch nicht möglich war. Das änderte sich aber, als François Viète (1540 - 1603) die Buchstaben zur Darstellung beliebiger Zahlen einführte. Nun konnte man Kurven durch *Formeln* beschreiben, nämlich durch Höhenformeln wie

$$y = 2x + 1.$$

René Descartes
1596-1650

Pierre de Fermat
ca. 1600-1665

Als nun René Descartes (1596 - 1650) und Pierre de Fermat (ca. 1600 - 1665) nochmals die Koordinatensysteme erfanden, konnten sie Kurven effizient durch Gleichungen beschreiben. Und umgekehrt war es möglich, Gleichungen anschaulich als Kurven zu deuten. So ist aus der Geometrie (mit ihren Punkten und

Kurven) und der Algebra (mit ihren Gleichungen) das neue mathematische Fachgebiet der *analytischen Geometrie* entstanden. Das Adjektiv *analytisch* rührt daher, dass die Algebra seit Viète auch als *Analysis* bezeichnet worden ist.

Die ungeheure Tragweite der Erfindung der Koordinatensysteme erkennt man an dem Umstand, dass Fermat einen Schritt weiter gehen konnte und die Grundlagen der Differentialrechnung (Tangentenproblem, Differentialquotient, Minima, Maxima) und der Integralrechnung (Flächenberechnung bei höheren Parabeln und Hyperbeln) geschaffen hat.
Archimedes (287 v. Chr. - 212 v. Chr.) hatte noch 20 Seiten benötigt, um die Segmentfläche einer quadratischen Parabel zu berechnen. Die höheren Parabeln lagen außerhalb der Reichweite seiner Methoden.
Selbst der optische Eindruck der Mathematik- und Physikbücher hat sich mit der Einführung der Buchstaben und der Koordinatensysteme drastisch geändert: Konkrete Zahlen, ausgedehnte Texte und komplizierte Zeichnungen sind in erheblichem Maße in Gleichungen mit Buchstaben aufgegangen.

Vermutlich ist die Einführung der Buchstaben und der Koordinatensysteme in die Mathematik und Physik die wichtigste Errungenschaft der letzten 1000 Jahre. Sie war die Grundlage für die bereits im europäischen Mittelalter (oft zu Unrecht als finster bezeichnet) beginnende wissenschaftliche Revolution der Neuzeit.

Wir schließen mit einigen biographischen Anmerkungen:

François Viète (latinisiert *Franciscus Vieta*) war Jurist und Berater des französischen Königs Heinrich IV. Er wurde berühmt durch die Entschlüsselung des von den Spaniern unter Philip II. benutzten Geheimcodes für Nachrichten. Die Spanier bezichtigten die Franzosen daraufhin beim Papst der Zauberei.

René Descartes (latinisiert *Renatus Cartesius*) hat Jura, Mathematik und Mechanik studiert. Er ist vor allem als Philosoph bekannt. Der Anhang seiner berühmten *Abhandlung über die*

Methode enthält die analytische Geometrie. Der logische Ausgangspunkt seiner Philosophie ist der Satz „Cogito ergo sum“ (Ich denke also bin ich).

Pierre de Fermat war ebenfalls hauptberuflich Jurist. In seiner Freizeit beschäftigte er sich mit Mathematik und Physik. Zusammen mit Blaise Pascal (1623 - 1662) hat er die Wahrscheinlichkeitsrechnung geschaffen. Ferner hat er als erster das *Fermatsche Prinzip der Lichtausbreitung* erkannt: Das Licht nimmt stets den Weg, der die wenigste Zeit erfordert. Dieses Prinzip erklärt die Gesetze der Reflexion und der Brechung des Lichtes.

2. Koordinatensysteme und Punkte

2.1 Koordinatensysteme

Wir betrachten nur zweidimensionale Koordinatensysteme. Sie bestehen aus zwei zueinander senkrechten Achsen, die mit einer Skala versehen sind, also aus zwei Zahlenstrahlen:

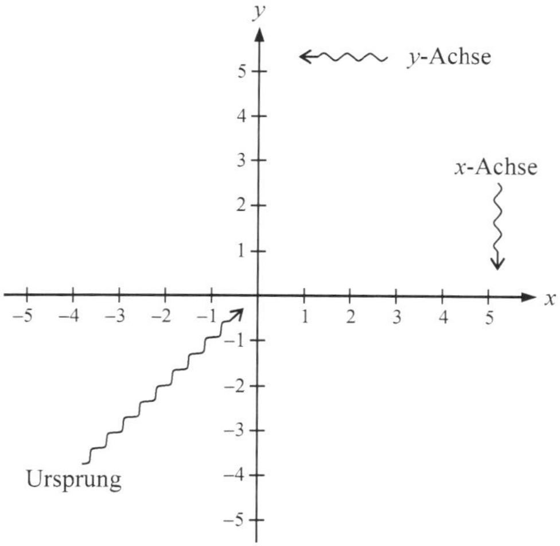

Der Schnittpunkt der beiden Achsen (auch Koordinatenachsen genannt) wird als Ursprung, Koordinatenursprung oder Nullpunkt bezeichnet.
Die waagerechte Achse wird seit Descartes x-Achse genannt und die andere y-Achse. Gelegentlich spricht man diese Achsen auch als Abszissenachse bzw. Ordinatenachse an.

Die Pfeilspitzen der Koordinatenachsen zeigen stets in die Richtung der aufsteigenden Zahlen der Skala.

Wir betrachten ausschließlich Koordinatensysteme, deren Achsen senkrecht aufeinander stehen. Solche Systeme werden Descartes (Cartesius) zu Ehren als *kartesisch* bezeichnet.

Jedes Koordinatensystem teilt die Ebene in vier Bereiche, die Quadranten genannt werden:

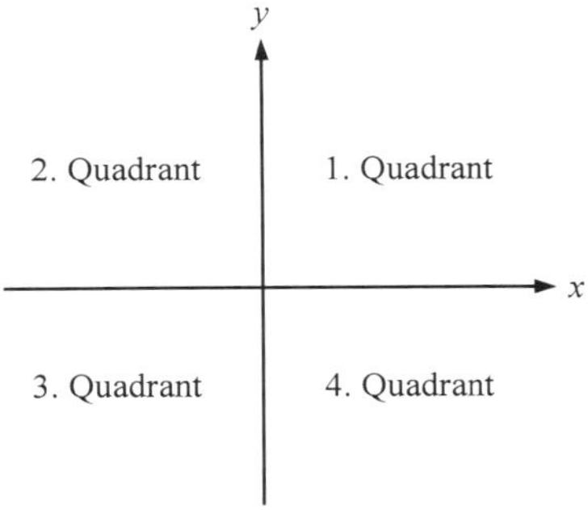

Die Nummerierung beginnt beim Quadranten, der von den positiven Halbachsen gebildet wird, und wird gegen den Uhrzeigersinn fortgesetzt.

2.2 Punkte im Koordinatensystem

Punkte sind die einfachsten Objekte der Geometrie. Wir benutzen nun ein Koordinatensystem, um Punkte durch Zahlen (die sogenannten *Koordinaten*) zu beschreiben. Wir betrachten als Beispiel den Punkt P im Koordinatensystem auf der nächsten Seite:
Der Punkt P ist vollständig beschrieben, wenn sowohl seine Links-rechts-Position (im Beispiel: 3) als auch seine Höhenposition (im Beispiel: 2) bekannt sind.
Man sagt dann:

P hat die x-Koordinate 3, oder kurz gesagt: $x = 3$,

P hat die y-Koordinate 2, oder kurz gesagt: $y = 2$.

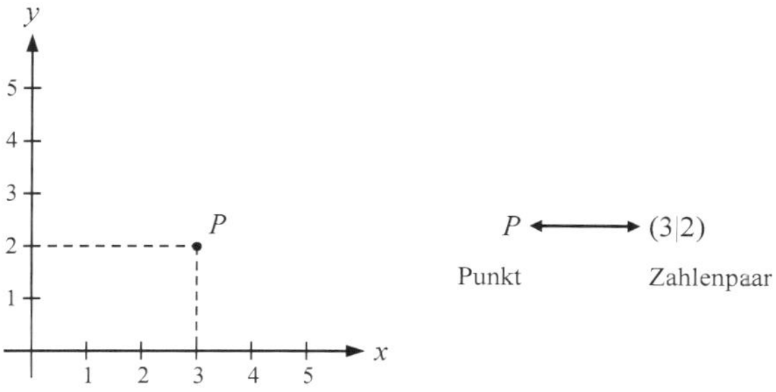

Oft fasst man beide Koordinaten zu einem Zahlenpaar zusammen:

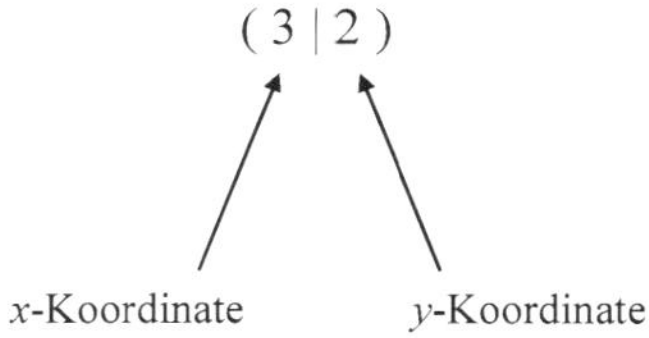

Die Schreibweise $P(3|2)$ bedeutet, dass der Punkt P im gegebenen Koordinatensystem die x-Koordinate 3 und die y-Koordinate 2 hat.

Aufgaben

1. Zeichne die folgenden Punkte in ein Koordinatensystem:
$P_1(0|3)$, $P_2(4|1)$, $P_3(-2|-3)$, $P_4(-4|1)$, $P_5(5|-1)$, $P_6(2|0)$, $P_7(3|3)$, $P_8(0|-2)$

a) In welchen Quadranten liegen die Punkte?
b) Welche Punkte liegen oberhalb und welche unterhalb der x-Achse?
c) Welche Punkte liegen auf der x-Achse?
d) Welche Punkte liegen auf der y-Achse?
e) Welche Punkte liegen rechts von der y-Achse?

3. Geraden

Wir betrachten nun Geraden. Sie sind die einfachsten Linien. In der Mathematik werden Linien – auch wenn sie nicht gekrümmt sind – als *Kurven* bezeichnet.

Zunächst werden wir allgemein untersuchen, wie man Kurven beschreiben kann. Auf dieser Grundlage werden wir dann die Geraden genauer unter die Lupe nehmen.

3.1 Die Beschreibung von Kurven

Eine Kurve kann dadurch vollständig beschrieben werden, dass man zu jeder Links-rechts-Position (x-Koordinate) angibt, in welcher Höhe (y-Koordinate) sich die Kurve befindet:

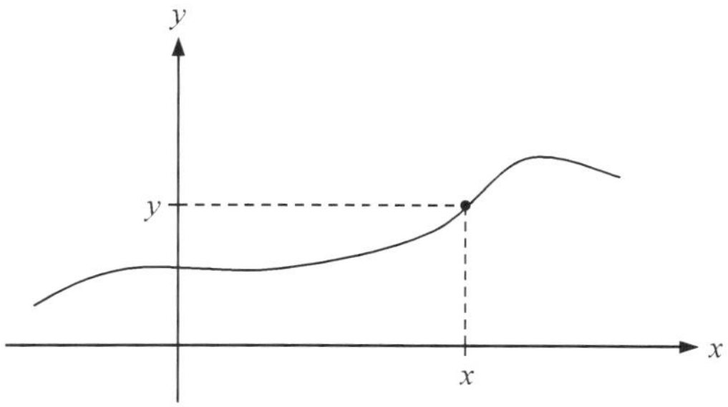

Diese Angabe kann man, wie bereits Oresme klar erkannt hat, auf zwei Arten machen:

1. mit einer Tabelle,
2. mit einer Höhenformel.

Eine Tabelle ist zwangsläufig lückenhaft, weil sie unmöglich die unendlich vielen Punkte der Kurve enthalten kann. Demgegenüber kann eine Höhenformel alle Punkte der Kurve erfassen.

Wir betrachten zwei Beispiele.

Beispiel 1

Gegeben: Höhenformel:
Höhe = Links-rechts-Position + 1

Gesucht:
- Tabelle
- Kurve (Zeichnung)

Lösung

Wir drücken die Höhenformel durch die Koordinaten (Buchstaben x und y) aus:

$$\text{Höhe} = \text{Links-rechts-Position} + 1$$
$$y = x + 1$$

Nun setzen wir für x einige Werte ein, z. B. 0, 1, 2, 3, und erhalten so die jeweilige Höhe y:

$$x = 0 \quad \text{ergibt} \quad y = x+1 = 0+1 = 1$$
$$x = 1 \quad \text{ergibt} \quad y = x+1 = 1+1 = 2$$
$$x = 2 \quad \text{ergibt} \quad y = x+1 = 2+1 = 3$$
$$x = 3 \quad \text{ergibt} \quad y = x+1 = 3+1 = 4$$

Dies führt zu folgender Tabelle:

x	y
0	1
1	2
2	3
3	4

Jede Zeile der Tabelle entspricht einem Punkt, zum Beispiel steht in der zweiten Zeile der Punkt $(1|2)$ mit der x-Koordinate 1 und der y-Koordinate 2.
Wir zeichnen alle Punkte der Tabelle in ein Koordinatensystem ein:

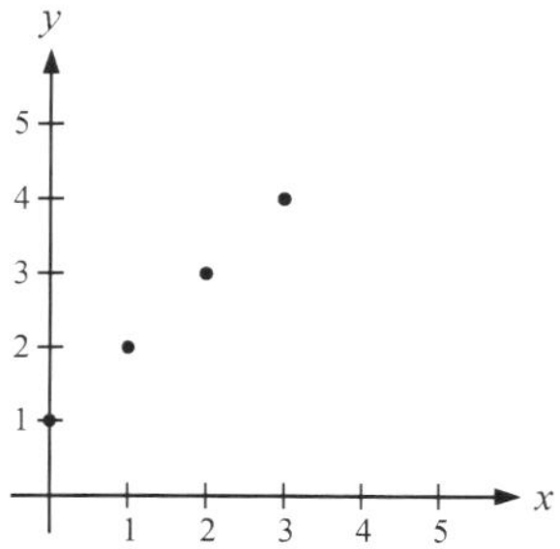

Es fällt auf, dass die Punkte geradlinig angeordnet sind. Im Vertrauen auf eine einfache Gesetzmäßigkeit (ganz im Sinne des „Rasiermessers“ von Ockham, 1288 - 1348) ziehen wir eine Gerade durch die Punkte. Stichproben bestätigen, dass die Punkte auf der Geraden genau auf der Höhe liegen, die sich aus der Höhenformel berechnen lässt. Einen schlüssigen und lückenlosen Beweis werden wir später führen.

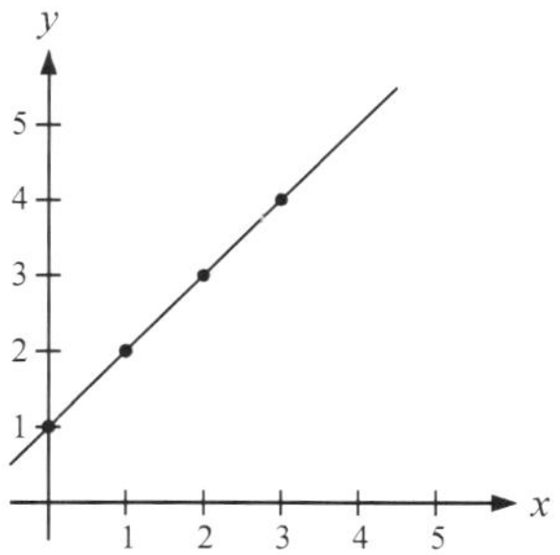

Fazit: Die im Beispiel gegebene Höhenformel beschreibt also eine Gerade.

Beispiel 2

Gegeben: Höhenformel:

Höhe = (Links-rechts-Position)^2

Anders gesagt: $y = x^2$

Gesucht: - Tabelle
- Kurve (Zeichnung)

Lösung

Wir setzen für x die Werte $-2, -1, 0, 1, 2$ ein in $y = x^2$ und erhalten so die jeweilige Höhe:

$x = -2$ ergibt $y = x^2 = (-2)^2 = 4$
$x = -1$ ergibt $y = x^2 = (-1)^2 = 1$
$x = 0$ ergibt $y = x^2 = 0^2 = 0$
$x = 1$ ergibt $y = x^2 = 1^2 = 1$
$x = 2$ ergibt $y = x^2 = 2^2 = 4$

Dies führt zu folgender Tabelle:

x	y
–2	4
–1	1
0	0
1	1
2	4

Jede Zeile entspricht einem Punkt, zum Beispiel steht in der ersten Zeile der Punkt (–2|4) mit der x-Koordinate –2 und der y-Koordinate 4.
Wir tragen alle Punkte der Tabelle in ein Koordinatensystem ein:

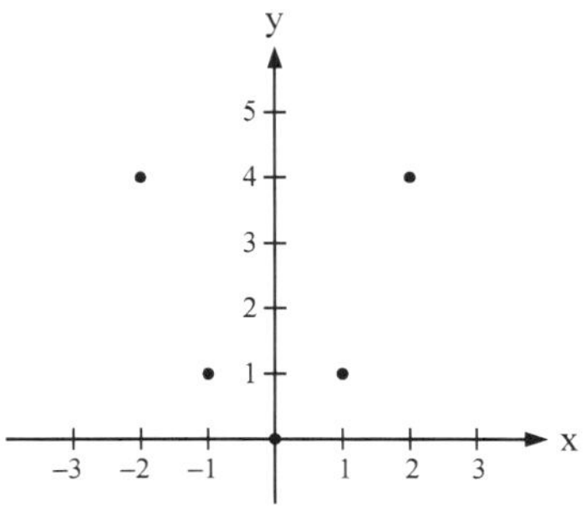

Die Punkte liegen nicht auf einer Geraden, sondern auf einer Kurve mit einer starken Biegung bei $x = 0$ (im Ursprung). Um den Verlauf der Kurve an dieser besonders gekrümmten Stelle etwas genauer zu untersuchen, nehmen wir noch zwei Punkte nahe bei $x = 0$ hinzu:

$x = -0,5$ ergibt $y = x^2 = (-0,5)^2 = 0,25$
$x = 0,5$ ergibt $y = x^2 = 0,5^2 = 0,25$

Die ergänzte Tabelle lautet dann:

x	y
–2	4
–1	1
–0,5	0,25
0	0
0,5	0,25
1	1
2	4

Und die erweiterte Zeichnung ist:

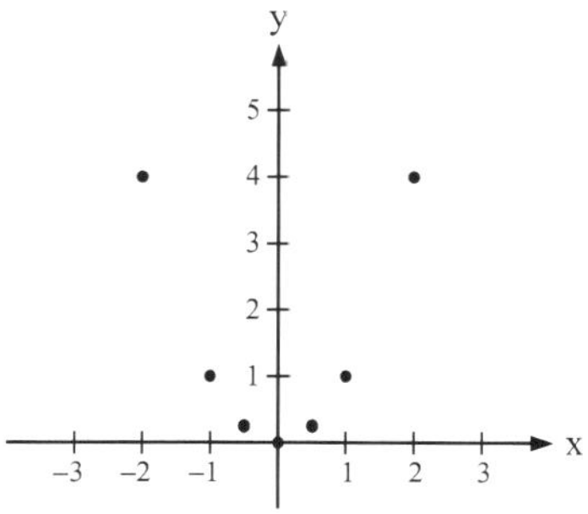

Die Biegung scheint kein Knick zu sein, die Kurve verläuft in der Nähe von $x = 0$ eher waagerecht. Damit ergibt sich folgende Kurve:

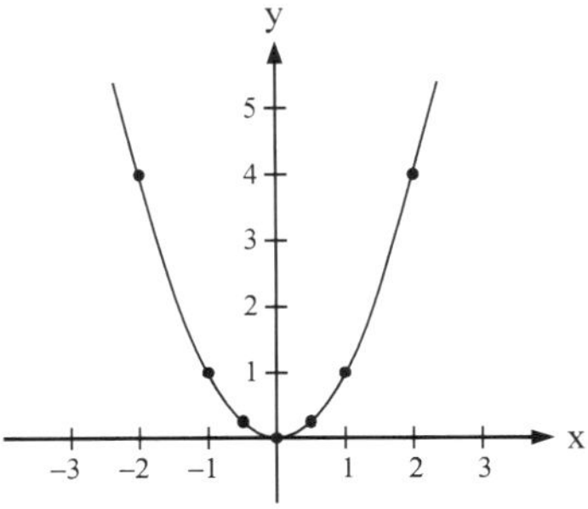

Diese Kurve ist übrigens als „Standard-Parabel“ bekannt. Sie ist die einfachste krummlinige Kurve, die es gibt.

Bezeichnungen

Was wir anschaulich als „Höhenformel“ bezeichnet haben, wird in der Fachsprache

- Geradengleichung (im Falle einer Geraden)
- Parabelgleichung (im Falle einer Parabel)
- Funktionsgleichung (im Falle einer beliebigen Kurve)

genannt.

Das Wort *Funktion* ist von Leibniz (1646-1716) in einer in Latein verfassten mathematischen Abhandlung eingeführt worden. Die Bedeutung ist denkbar einfach, wie man an den folgenden drei Sätzen sehen kann, die alle das Gleiche aussagen:

Die Höhe *hängt* von der Links-rechts-Position *ab*.

y hängt von *x ab*.

y ist eine *Funktion* von *x*.

Der Fachausdruck *Funktionsgleichung* heißt übersetzt also schlicht und einfach *Abhängigkeitsgleichung*.

3.2 Die Beschreibung von Geraden

Geometrische Kennzeichen einer Geraden im Koordinatensystem.

Durch den Namen, das Geburtsdatum und den Geburtsort ist eine Person praktisch vollständig beschrieben. Eine Gerade im Koordinatensystem ist durch die folgenden zwei geometrischen Daten eindeutig festgelegt:

- Steigung,
- Schnittpunkt mit der y-Achse.

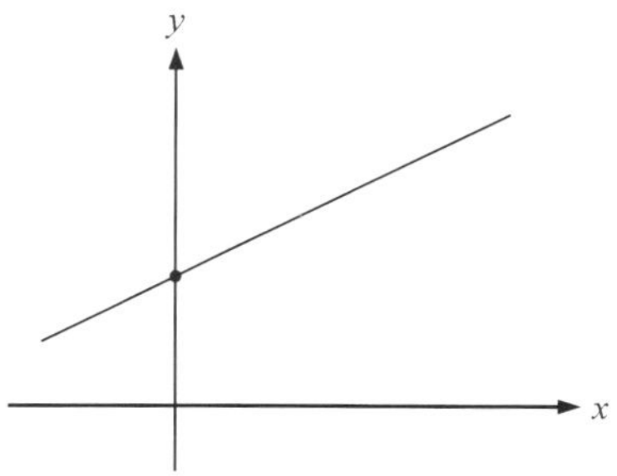

Steigung

Wir wollen nun die Steigung genau erklären. Im Straßenverkehr kommt sie auf Schildern vor:

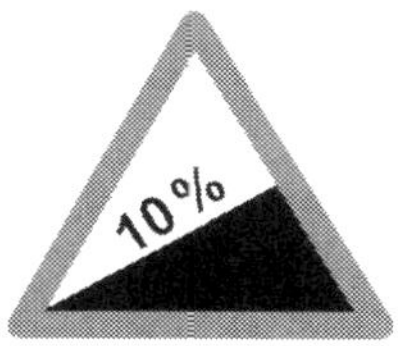

Was bedeutet aber die Angabe „10 %“? Wenn man sich 100 m

waagerecht (also **nicht** auf der Straße) bewegt, befindet sich die Straße dort 10 m höher (10 % von 100 m):

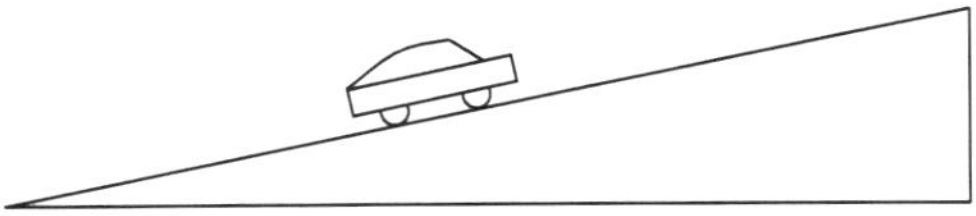

Nimmt man als Ausgangspunkt nicht die willkürlichen 100 m, sondern die Einheitslänge, nämlich 1 m, so gelangt man zum mathematischen Steigungsbegriff:

Dieses *Steigungsdreieck* ist die Grundlage für die Definition der Steigung. Der Spruch „1 Schritt nach rechts, 0,1 nach oben" ist die verbale Formulierung dieses Steigungsdreiecks. Die Steigung gibt den ***Höhenzuwachs*** der Gerade an, wenn man eine Einheit nach rechts geht.

Bei einem Gefälle liegt eine ***Höhenverringerung*** vor. Diese kann rechnerisch als negativer Höhenzuwachs aufgefasst werden, denn bei der Addition eines negativen Zuwachses verringert sich die Höhe. Beträgt das Gefälle beispielsweise 10 %, so entspricht dies einer *negativen Steigung* von –0,1.
Zur Erläuterung betrachten wir wieder ein Verkehrsschild:

Wenn man sich 100 m waagerecht (also **nicht** auf der Straße) bewegt, befindet sich die Straße dort 10 m tiefer (nämlich 10 % von 100 m):

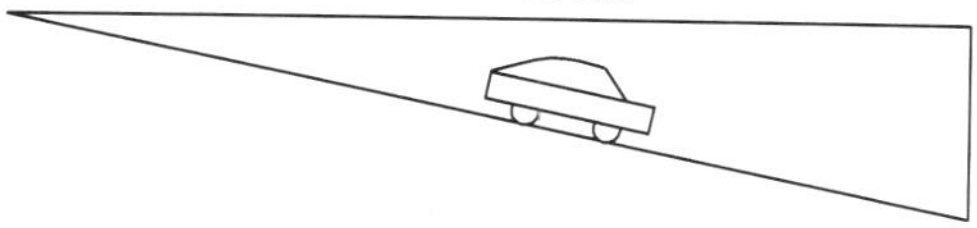

Nimmt man als Ausgangspunkt nicht die willkürlichen 100 m, sondern wieder die Einheitslänge von 1 m, so gelangt man zum mathematischen Steigungsbegriff:

„1 Schritt nach rechts, 0,1 nach **unten**.“

Die Geradengleichung

Die Geradengleichung ist nichts anderes als die Höhenformel einer Geraden. Sie dient ursprünglich der Berechnung der Höhe der Geraden an jeder beliebigen Links-rechts-Position. Sie ist aber auch der Schlüssel zur Berechnung aller mit der Geraden verknüpften Größen, zum Beispiel Schnittpunkte und Abstände.

Wir leiten nun die Geradengleichung her, und zwar als Lösung des Höhenproblems.

Höhenproblem

Gegeben: Gerade:
- Steigung: a
- Schnittpunkt mit der y-Achse: b
- Links-rechts-Position: x

Gesucht: Höhe y der Geraden an der Stelle x

Lösung 1

Die gegebene Situation ist also folgende:

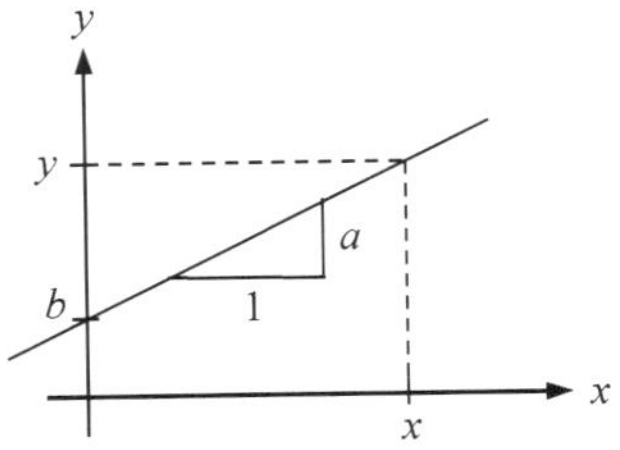

Wir betrachten eine vergrößerte Skizze; das Steigungsdreieck ist so verschoben worden, dass es bei der y-Achse beginnt. Ferner wird ein „großes Steigungsdreieck" hinzugefügt:

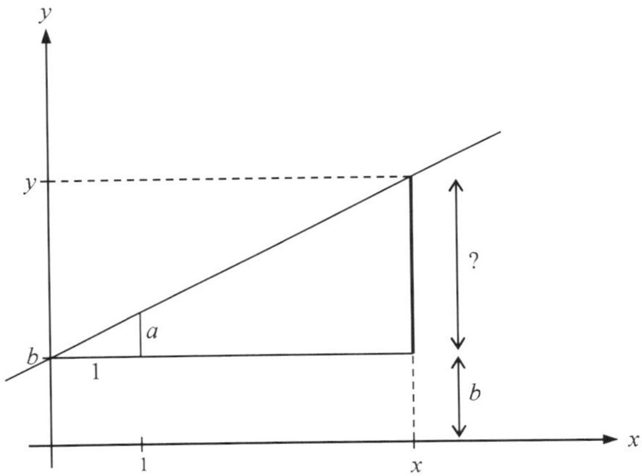

Das Steigungsdreieck und das große Dreieck haben die gleichen Winkel, sind also ähnlich, und das heißt anschaulich, dass das große Dreieck durch einen Vergrößerungsfaktor aus dem Steigungsdreieck hervorgeht – so, als würde man durch eine Lupe schauen.

Den Vergrößerungsfaktor x findet man durch den Vergleich der beiden Grundseiten 1 bzw. x der beiden Dreiecke:

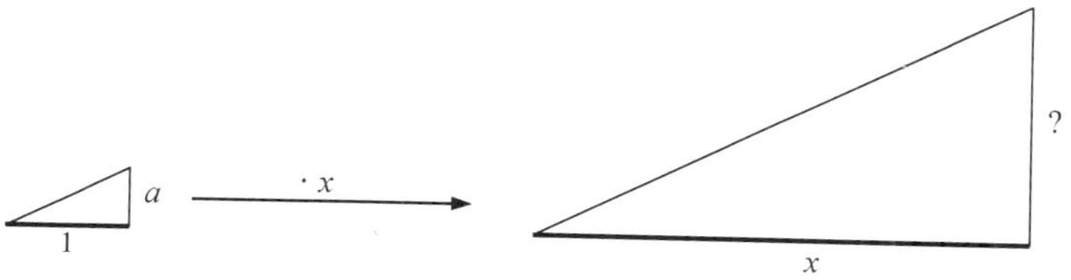

Daraus ergibt sich nun auch die gesuchte Seite des großen Dreiecks:

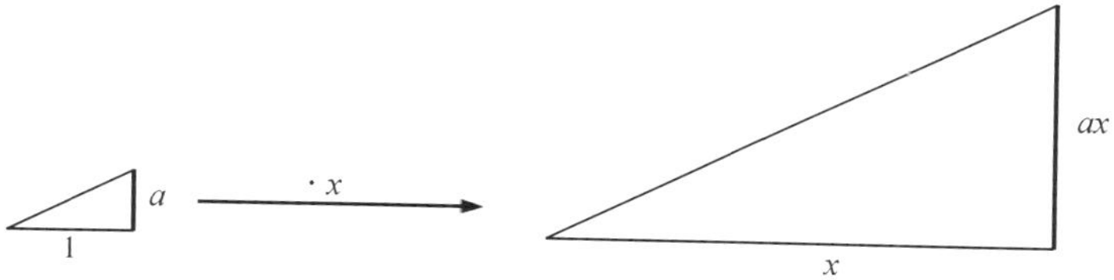

Die gesuchte Höhe y der Geraden lässt sich nun leicht ablesen:

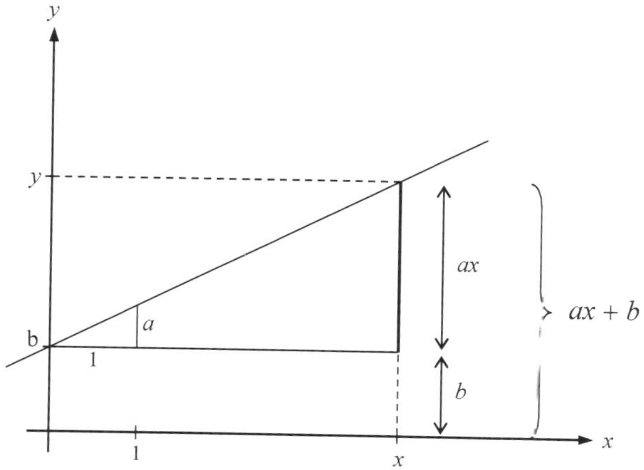

Sie ist: $y = ax + b$

Lösung 2

Wir betrachten wieder eine vergrößerte Skizze, das Steigungsdreieck (grau) taucht jetzt mehrfach auf.

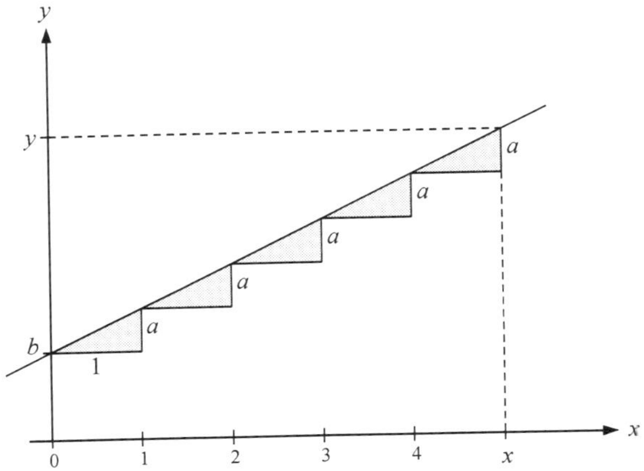

Wir ermitteln nun die Höhe der Geraden in den Links-rechts-Positionen 0, 1, 2, 3, 4 und schließlich, nachdem das Prinzip erkennbar geworden ist, in der allgemeinen Position x.

In der Links-rechts-Positionen 0	ist die Höhe: b
In der Links-rechts-Positionen 1	ist die Höhe: $b + a$ (1 Steigungsdreieck)
In der Links-rechts-Positionen **2**	ist die Höhe: $b + \mathbf{2}a$ (2 Steigungsdreiecke)
In der Links-rechts-Positionen **3**	ist die Höhe: $b + \mathbf{3}a$ (3 Steigungsdreiecke)
In der Links-rechts-Positionen **4**	ist die Höhe: $b + \mathbf{4}a$ (4 Steigungsdreiecke)

Also allgemein:

In der Links-rechts-Positionen $\boldsymbol{x}$ ist die Höhe: $b + \boldsymbol{x}a$.

Die Höhenformel (Geradengleichung) lautet also: $y = b + xa$

Und in der üblichen schöneren Schreibweise:

$$y = ax + b$$

Wir fassen zusammen:

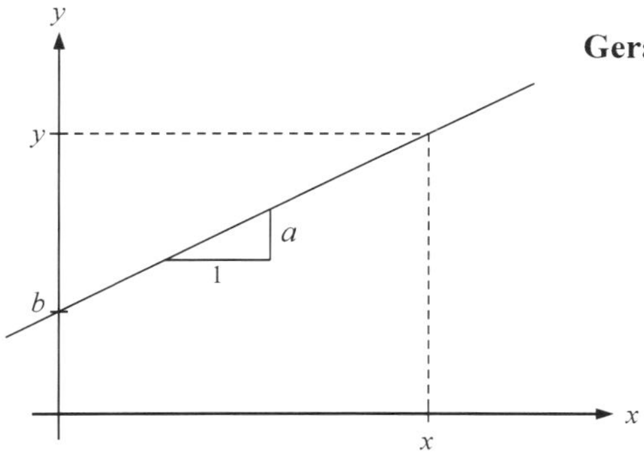

Geradengleichung

$y = ax + b$

a: Steigung, b: Schnittpunkt mit der y-Achse

Wir können nun mühelos von der Geradengleichung ablesen, wie die Gerade verläuft: Die Zahl vor dem x ist die Steigung, die Zahl ohne x gibt die Stelle auf der y-Achse an, durch die die Gerade geht.
Umgekehrt kann man natürlich aus einer gezeichneten Gerade die Geradengleichung ablesen.

Wir betrachten einige Beispiele dazu.

Beispiel 1
Skizziere die durch $y = 2x + 1$ gegebene Gerade.

Lösung
Aus der Geradengleichung

$$y = 2x + 1$$

liest man ab:

Die Steigung ist 2.
Die Gerade trifft die y-Achse bei 1 („bei $y = 1$“).

Wir tragen zunächst den y-Achsenschnittpunkt in das Koordinatensystem ein.

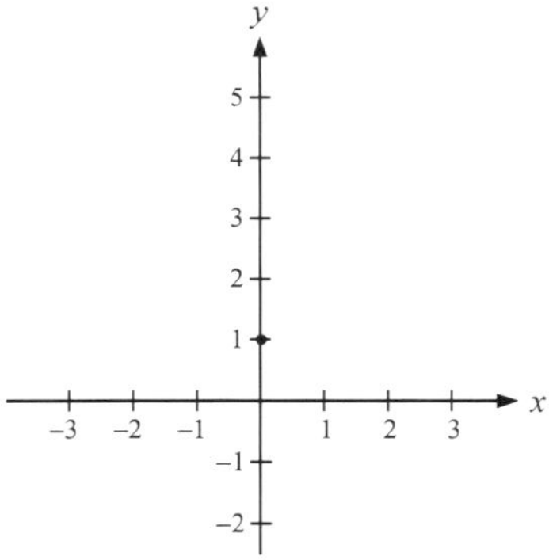

Dann fügen wir die Steigung in Form des Steigungsdreiecks hinzu (ein Schritt nach rechts, 2 nach oben). Wir bekommen einen zweiten Punkt der Geraden.

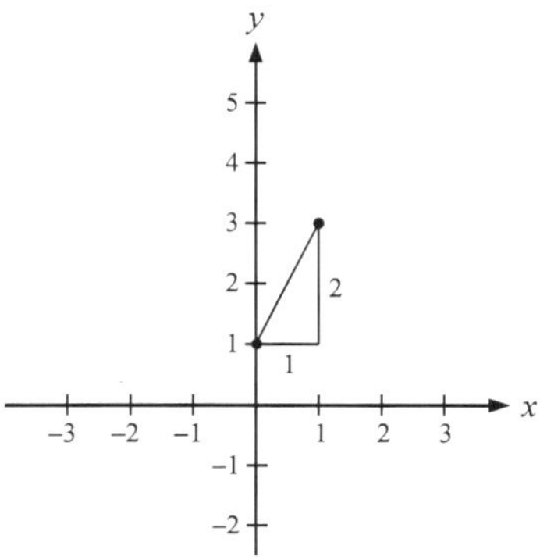

Schließlich ziehen wir die Gerade durch diese zwei Punkte:

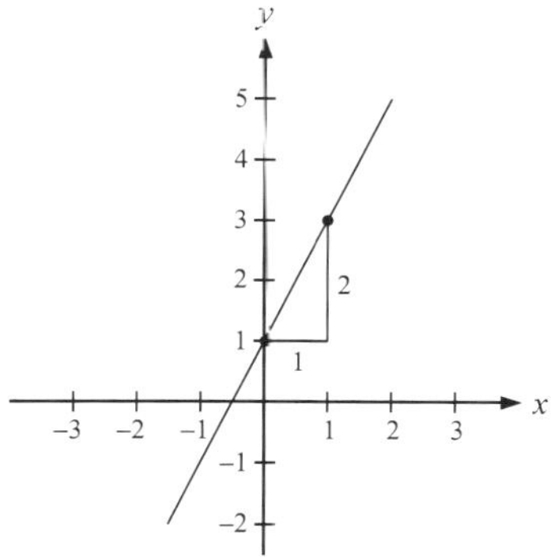

Beispiel 2
Skizziere die durch $y = -2x + 5$ gegebene Gerade.

Lösung
Aus der Geradengleichung liest man ab:

> Die Steigung ist –2 (negative Steigung, also ein **Gefälle**).
> Der y-Achsenschnittpunkt liegt bei $y = 5$.

Wir tragen zunächst den y-Achsenschnittpunkt ein:

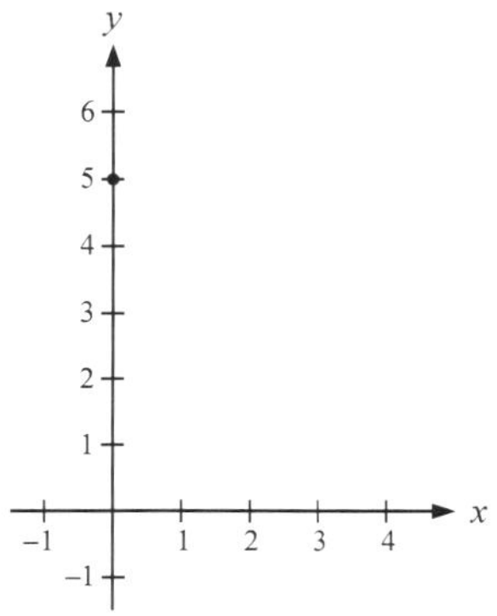

Dann fügen wir das Steigungsdreieck (ein Schritt nach rechts, 2 nach **unten**) hinzu und zeichnen schließlich die Gerade:

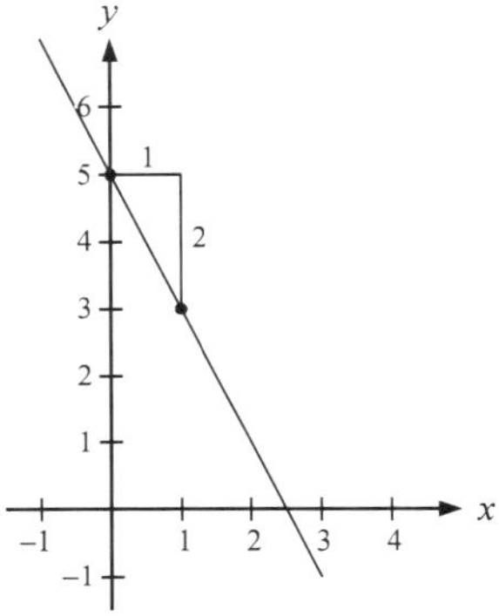

In Schulbüchern erscheinen oft (praxisferne) Beispiele mit einfachen Brüchen als Steigung. Auch wir werden nun ein solches Beispiel betrachten. Dabei können wir wieder die Technik der Vergrößerung und Verkleinerung von Steigungsdreiecken anwenden.

Beispiel 3

Skizziere die durch $y = \frac{1}{3}x + 2$ gegebene Gerade.

Lösung

Aus der Geradengleichung liest man ab:

Die Steigung ist $\frac{1}{3}$.

Die Gerade trifft die y-Achse bei $y = 2$.

Das Steigungsdreieck zur Steigung $\frac{1}{3}$ vergrößern wir um den Faktor 3, um den Bruch loszuwerden (Multiplikation mit dem Nenner):

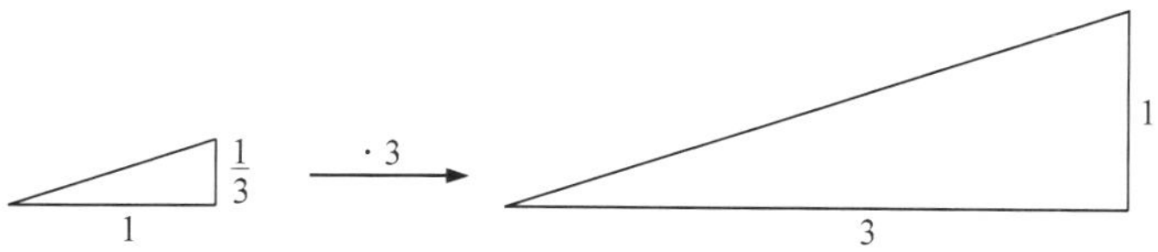

Das vergrößerte Steigungsdreieck enthält nur ganze Zahlen und kann nun mühelos exakt gezeichnet werden. Also:

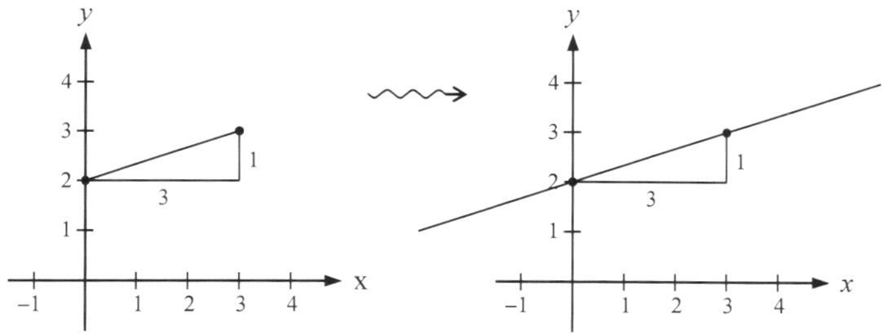

Die Fragestellung in den nächsten Beispielen ist umgekehrt. Aus einer skizzierten Gerade soll ihre Gleichung abgelesen werden.

Beispiel 4
Finde die Geradengleichung der folgenden Gerade:

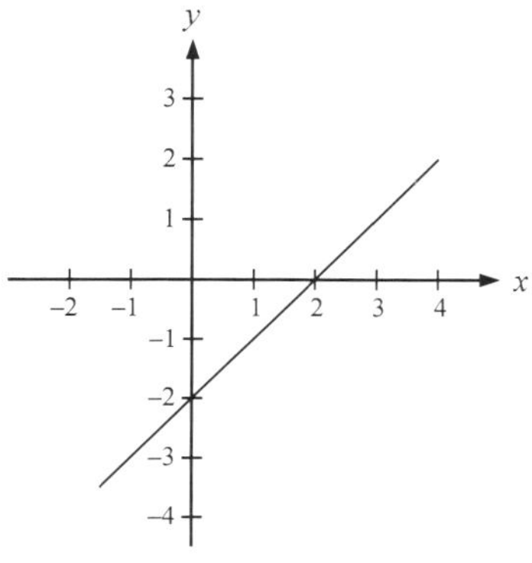

Lösung

1. Der Schnittpunkt der Gerade mit der y-Achse liegt bei –2.
2. Die Steigung bestimmen, dazu ein Steigungsdreieck zeichnen:

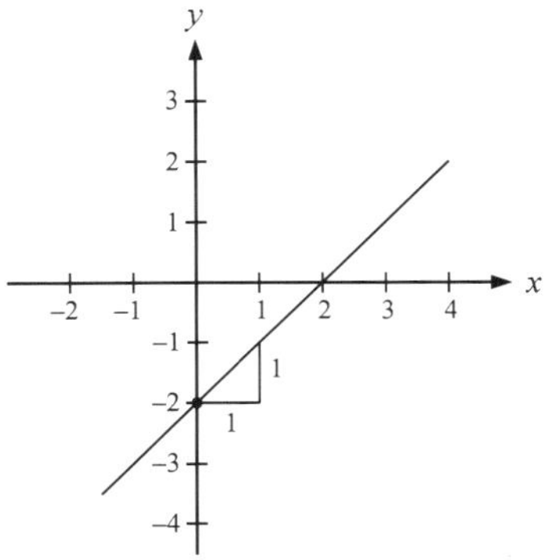

Die Steigung ist also 1.

Die Geradengleichung ist also:

$$y = 1 \cdot x + (-2),$$

und schöner geschrieben:

$$y = x - 2.$$

Bemerkungen

1. Das letzte Beispiel zeigt, dass ein allein stehendes x in der Geradengleichung auch eine Vorzahl hat, nämlich 1:

$$y = x - 2$$
$$y = 1 \cdot x - 2$$

Die Steigung ist also 1.

2. Ähnlich ist es bei $y = -x + 5$:

$$y = (-1) \cdot x + 5.$$

Die Steigung ist also –1.

Beispiel 5
Finde die Geradengleichung der folgenden Gerade:

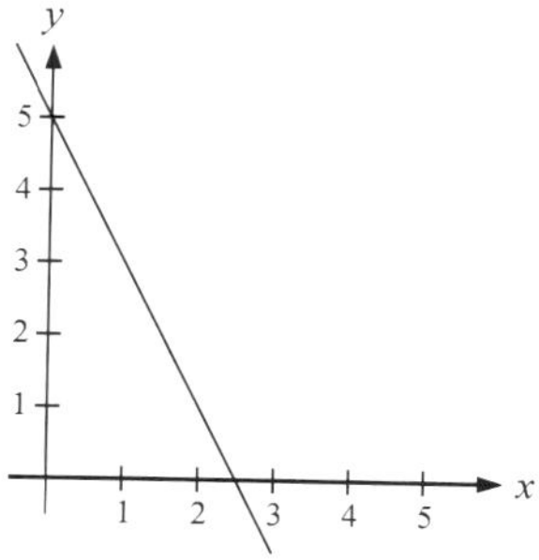

Lösung

1. Der Schnittpunkt der Gerade mit der y-Achse liegt bei 5.
2. Die Steigung bestimmen, dazu ein Steigungsdreieck zeichnen:

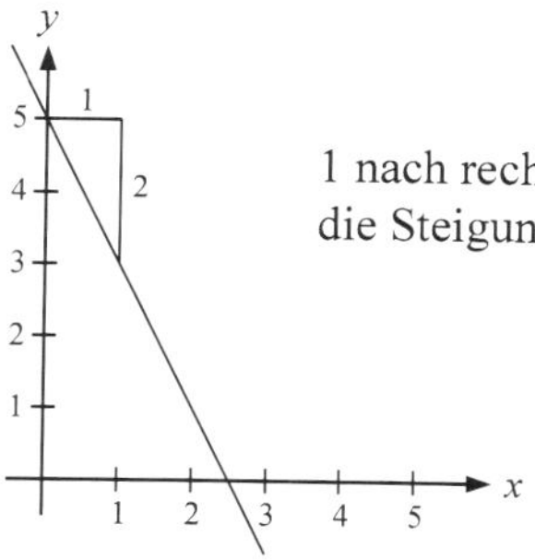

1 nach rechts, 2 nach **unten**, die Steigung ist also –2.

Somit ist die Geradengleichung:

$$y = -2x + 5\,.$$

Im folgenden Beispiel kann das eigentliche Steigungsdreieck nicht direkt exakt eingezeichnet werden. Aber es ist möglich, ein vergrößertes Steigungsdreieck einzutragen. Dieses muss dann nur noch verkleinert werden.

Beispiel 6
Bestimme die Gleichung der Geraden:

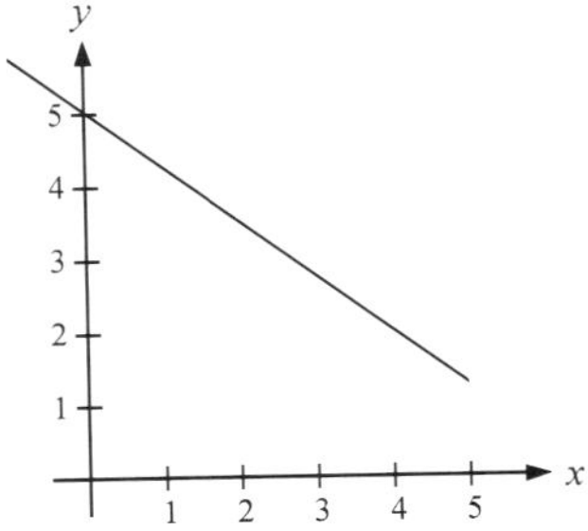

Lösung
1. Der Schnittpunkt der Gerade mit der y-Achse liegt bei 5.
2. Die Steigung bestimmen. Bei der Gerade hat nur ein vergrößertes Steigungsdreieck glatte Maße:

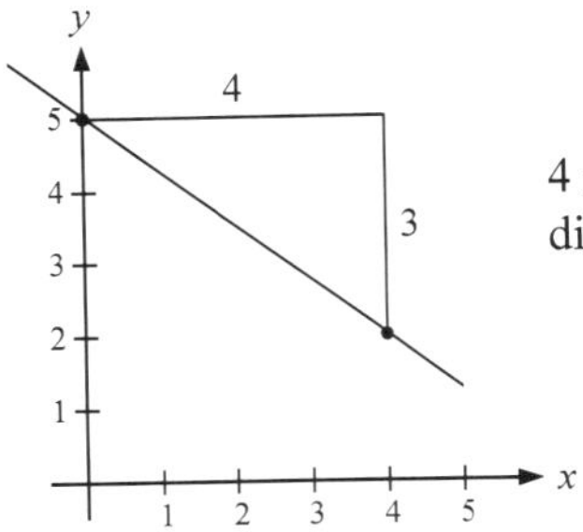

4 nach rechts, 3 nach **unten**, die Steigung ist also **negativ**.

Wir verkleinern das große Steigungsdreieck um den Faktor 4, um ein Standard-Steigungsdreieck zu bekommen (**ein** Schritt nach rechts):

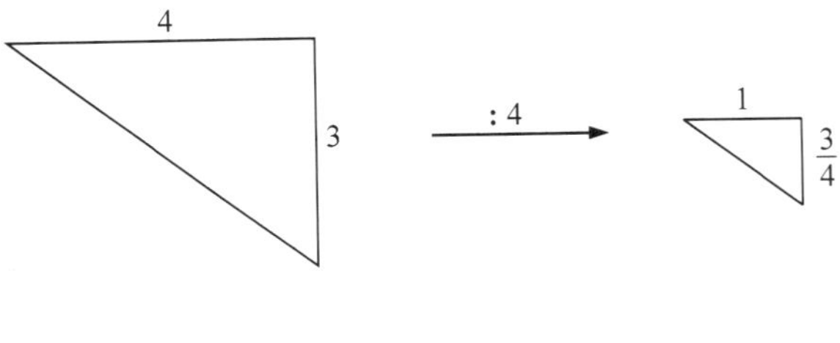

Die Steigung ist also $-\frac{3}{4}$. Die Geradengleichung lautet damit:

$$y = -\frac{3}{4}x + 5 .$$

Anmerkungen

Nachdem der Leser nun eine gewisse Vertrautheit mit der Geradengleichung gewonnen hat, sind einige vertiefende Erläuterungen zur Steigung und zum y-Achsenschnittpunkt angebracht:

1. Zur Steigung

Wir betrachten eine beliebige Stelle (Links-rechts-Position) x. Die Gerade hat dort eine Höhe von:

$$y = ax + b .$$

Gehen wir nun einen Schritt nach rechts, betrachten nun also die Stelle $x+1$, so hat die Gerade dort eine Höhe von:

$$y = a(x+1) + b$$

$$y = ax + a + b$$

$$y = ax + b \ + \ a$$

Die Höhe hat also um a zugenommen. Wenn a negativ ist, läuft diese Zunahme ($+\ a$) der Höhe auf eine Verringerung hinaus.

2. Zum Schnittpunkt mit der y-Achse

Die y-Achse befindet sich an der Links-rechts-Position $x = 0$. An dieser Stelle trifft die Gerade die y-Achse. Die Höhenposition ist dort also:

$$y = ax + b \qquad | \, x = 0 \text{ einsetzten}$$

$$y = a \cdot 0 + b$$

$$y = b$$

Die Gerade schneidet die y-Achse also tatsächlich bei $y = b$.

3.3 Das Punkt-Steigungs-Problem

Die Kenntnis der Geradengleichung ist der Schlüssel zur Lösung aller Aufgaben über Geraden. Man muss also zunächst in der gegebenen Situation die Geradengleichung aufstellen. Im Wesentlichen gibt es nur zwei Grundsituationen:

1. Die Steigung und ein Punkt der Geraden sind gegeben.
2. Zwei Punkte der Geraden sind gegeben.

In beiden Fällen soll die Geradengleichung gefunden werden. Die allgemeine Form der Geradengleichung ist bekannt:

$$y = ax + b\ .$$

Es müssen nur noch die Werte von a und b berechnet werden.

In diesem Abschnitt untersuchen wir den ersten Fall, das Punkt-Steigungs-Problem.

Wir werden zunächst ein Beispiel betrachten. Anschließend werden wir das Punkt-Steigungs-Problem allgemein (abstrakt) lösen und so die Punkt-Steigungs-Form der Geradengleichung gewinnen.

Beispiel 1

Gegeben: Gerade:
- Ein Punkt auf der Geraden: $(3|5)$
- Die Steigung der Geraden: 2

Gesucht: Geradengleichung
$[\, y = ax + b, \quad a = ?,\ b = ?\,]$

Lösung

Ansatz: Allgemeine Form der Geradengleichung: $y = ax + b$.

Nun werden Steigung und Punktkoordinaten eingesetzt.

1. Steigung einsetzen
Setze die Steigung $a = 2$ ein in die Geradengleichung:

$$y = ax + b$$
$$y = 2x + b$$

2. Punktkoordinaten einsetzen
Der Punkt $(3|5)$ liegt auf der Geraden. An der Stelle $x = 3$ muss die Gerade also die Höhe $y = 5$ haben:

$$y = 2x + b$$
$$5 = 2 \cdot 3 + b$$

Also:

$$5 = 6 + b \qquad |-6$$
$$-1 = b$$
$$b = -1$$

3. Geradengleichung

$$y = 2x + b \qquad |\, b = -1 \text{ einsetzen}$$
$$y = 2x - 1$$

Das allgemeine Punkt-Steigungs-Problem

Gegeben: Gerade:
- Ein Punkt auf der Geraden: $(x_0 \mid y_0)$
- Die Steigung der Geraden: a

Gesucht: Geradengleichung
$[\, y = ax + b, \quad a = ?, \ b = ?\,]$

Lösung

Ansatz: Allgemeine Form der Geradengleichung: $y = ax + b$.

1. Punktkoordinaten einsetzen, b ermitteln
Setze die Koordinaten x_0 und y_0 des Punktes $(x_0 \mid y_0)$ in die Geradengleichung ein:

$$y = ax + b$$
$$y_0 = ax_0 + b$$

Löse nach b auf:

$$y_0 = ax_0 + b \qquad | -ax_0$$
$$y_0 - ax_0 = b$$
$$b = y_0 - ax_0$$

2. Geradengleichung

$$y = ax + b \qquad | \, b = y_0 - ax_0 \text{ einsetzen}$$
$$y = ax + y_0 - ax_0 \qquad | \text{ ordnen}$$
$$y = ax - ax_0 + y_0 \qquad | \, a \text{ ausklammern}$$
$$y = a(x - x_0) + y_0$$

Wir fassen zusammen:

Punkt-Steigungs-Form der Geradengleichung

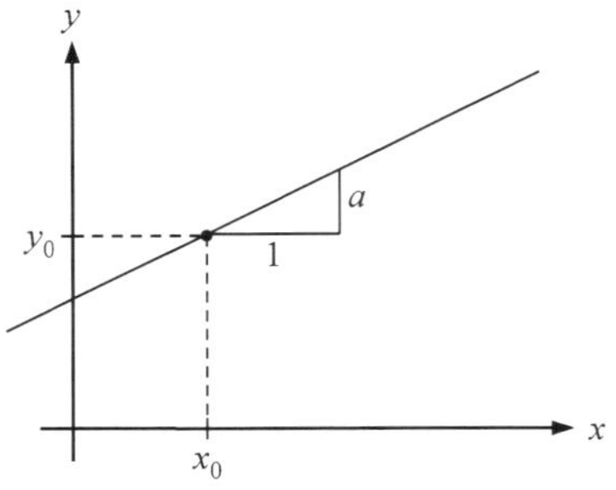

$$y = a(x - x_0) + y_0$$

a: Steigung, $(x_0 \mid y_0)$: Punkt auf der Geraden

Bemerkung

Die rechte Seite der Geradengleichung in Punkt-Steigungs-Form ist offenbar der einfachste Rechenausdruck in x, der folgende zwei Bedingungen erfüllt:

1. Wenn man x_0 für x einsetzt, so muss y_0 herauskommen.
2. Die Vorzahl von x muss a sein.

Wir werden nun das obige Beispiel noch einmal lösen, aber mit Hilfe der Geradengleichung in Punkt-Steigungs-Form:

Beispiel 2
Eine Gerade geht durch den Punkt $(3|5)$ und hat die Steigung 2. Wie lautet die Geradengleichung?

Lösung

Ansatz: Punkt-Steigungs-Form der Geradengleichung:

$$y = a(x - x_0) + y_0 .$$

Setze $a = 2$ und $(x_0 \mid y_0) = (3|5)$ ein, multipliziere aus und fasse zusammen:

$$\begin{aligned} y &= a(x - x_0) + y_0 \\ y &= 2(x - 3) + 5 \\ y &= 2x - 6 + 5 \\ y &= 2x - 1 \end{aligned}$$

Die Geradengleichung lautet also: $y = 2x - 1$

Der Lösungsweg bei Beispiel 2 ist kürzer. Er setzt aber eine weitere Formel voraus, nämlich die Punkt-Steigungs-Form der Geradengleichung.

3.4 Das Zwei-Punkte-Problem

Wir werden nun die Geradengleichung aufstellen, wenn zwei Punkte der Geraden gegeben sind. Zunächst betrachten wir wieder ein Beispiel. Dann lösen wir das Zwei-Punkte-Problem allgemein und gewinnen so eine Formel, die Zwei-Punkte-Form der Geradengleichung. Letztere werden wir dann anwenden, um das Anfangsbeispiel schnell zu lösen.

Als Nebenprodukt fällt eine Formel für die Steigung ab, die in der Differentialrechnung (bei der Definition der *Ableitung*, d. h. der Steigung der Tangente an eine Kurve) grundlegend ist.

Beispiel 1

Gegeben: Gerade:
- Punkt 1 auf der Geraden: $(1|1)$
- Punkt 2 auf der Geraden: $(3|5)$

Gesucht: Geradengleichung
$[\, y = ax + b, \quad a = ?, \ b = ? \,]$

Lösung

Wir folgen den Ideen, die zur Lösung des Punkt-Steigungs-Problems geführt hatten.

Ansatz: Allgemeine Form der Geradengleichung: $y = ax + b$.

1. Setze die Koordinaten der gegebenen Punkte ein

$$
\begin{aligned}
& & y &= ax + b \\
(1\,|\,1): & & 1 &= a \cdot 1 + b \\
(3\,|\,5): & & 5 &= a \cdot 3 + b
\end{aligned}
$$

Schöner geschrieben:

$$
\begin{aligned}
a + b &= 1 \\
3a + b &= 5
\end{aligned}
$$

Das ist ein lineares Gleichungssystem mit den zwei Unbekannten a und b.

2. Löse das Gleichungssystem

1) Durch Subtraktion der beiden Gleichungen kann b entfernt

werden:

$$\begin{aligned} a+b &= 1 \\ 3a+b &= 5 \qquad | \, unten - oben \end{aligned}$$

Dies ergibt

$$\begin{aligned} 2a &= 4 \qquad |:2 \\ a &= 2 \end{aligned}$$

2) Setze $a=2$ in die erste Gleichung ein:

$$\begin{aligned} a+b &= 1 \qquad | \, a=2 \text{ einsetzen} \\ 2+b &= 1 \qquad | -2 \\ b &= -1 \end{aligned}$$

Also: $a=2,\ b=-1$.

3. Geradengleichung

Setze $a=2$ und $b=-1$ in die allgemeine Form der Geradengleichung ein:

$$y = ax + b$$
$$y = 2x - 1$$

Das allgemeine Zwei-Punkte-Problem

Gegeben: Gerade:
- Punkt 1 auf der Geraden: $(x_1 \mid y_1)$
- Punkt 2 auf der Geraden: $(x_2 \mid y_2)$

Gesucht: Geradengleichung
$[\, y = ax + b, \quad a = ?,\ b = ?\,]$

Lösung

Der Ansatz ist wieder die allgemeine Form der Geradengleichung:

$$y = ax + b\,.$$

1. Setze die Koordinaten der gegebenen Punkte ein

$$y = ax + b$$

$$(x_1 \mid y_1): \quad y_1 = ax_1 + b$$

$$(x_2 \mid y_2): \quad y_2 = ax_2 + b$$

Schöner geschrieben:

$$ax_1 + b = y_1$$

$$ax_2 + b = y_2$$

Das ist ein lineares Gleichungssystem mit den zwei Unbekannten a und b.

2. Berechne a aus dem Gleichungssystem

$$ax_1 + b = y_1$$

$$ax_2 + b = y_2 \qquad |\,unten - oben$$

$$ax_2 - ax_1 = y_2 - y_1 \qquad |\,a \text{ ausklammern}$$

$$a(x_2 - x_1) = y_2 - y_1 \qquad |:(x_2 - x_1)$$

$$a = \frac{y_2 - y_1}{x_2 - x_1}$$

3. Benutze die Punkt-Steigungs-Form der Geradengleichung

Da nun die Steigung $a = \frac{y_2 - y_1}{x_2 - x_1}$ bekannt ist, kann die Punkt-Steigungs-Form der Geradengleichung benutzt werden; als Punkt wählen wir dabei $(x_1 \mid y_1)$:

$$y = a(x - x_1) + y_1 \qquad |\,a = \frac{y_2 - y_1}{x_2 - x_1} \text{ einsetzen}$$

$$y = \frac{y_2 - y_1}{x_2 - x_1}(x - x_1) + y_1$$

Wir fassen zusammen:

Zwei-Punkte-Form der Geradengleichung

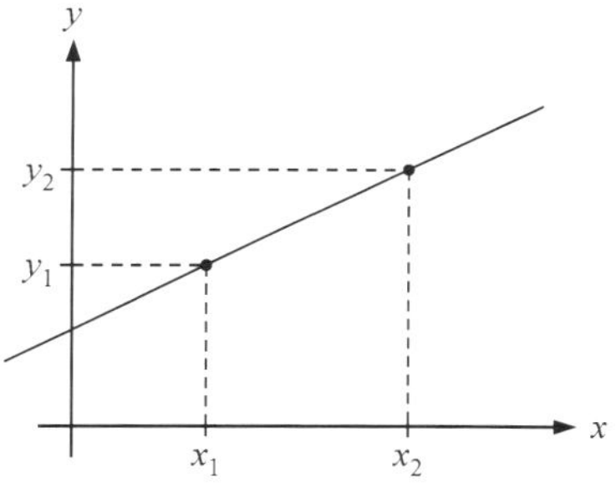

$$y = \frac{y_2 - y_1}{x_2 - x_1}(x - x_1) + y_1$$

Hierbei ist die **Steigung** $a = \frac{y_2 - y_1}{x_2 - x_1}$

Bemerkung

Die Steigungsformel kann auch anschaulich gut und schnell verstanden werden. Man muss nur das durch die zwei Punkte nahegelegt „große Steigungsdreieck“ angemessen verkleinern. Dann ergibt sich ein normales Steigungsdreieck, an dem die Steigung abgelesen werden kann:

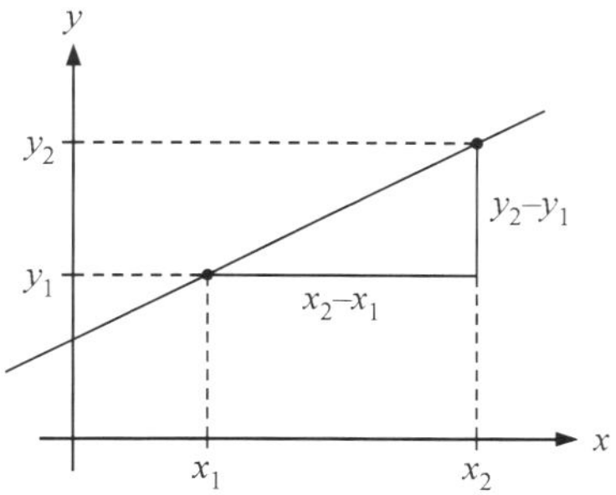

Die Verkleinerung um den Faktor $(x_2 - x_1)$ ergibt das gewünschte Steigungsdreieck:

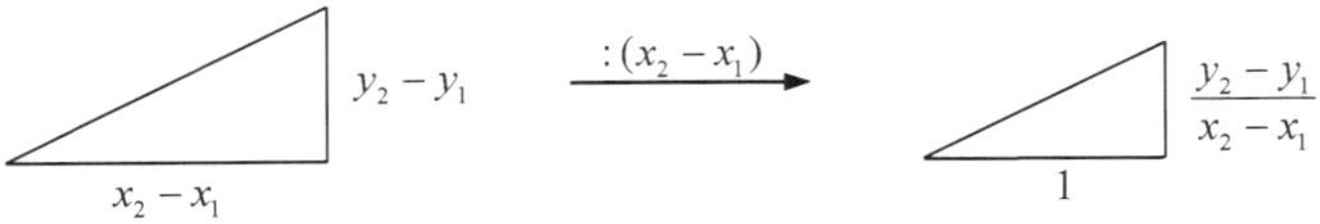

Beispiel 2

Gegeben: Gerade:
- Punkt 1 auf der Geraden: $(1|1)$
- Punkt 2 auf der Geraden: $(3|5)$

Gesucht: Geradengleichung

Lösung 1

Zwei-Punkte-Form der Geradengleichung:

$$y = \frac{y_2 - y_1}{x_2 - x_1}(x - x_1) + y_1$$

Setze $(x_1 \mid y_1) = (1 \mid 1)$ und $(x_2 \mid y_2) = (3 \mid 5)$ ein:

$$y = \frac{5-1}{3-1}(x-1)+1$$
$$y = \frac{4}{2}(x-1)+1$$
$$y = 2(x-1)+1$$
$$y = 2x-2+1$$
$$y = 2x-1$$

Lösung 2

1. Steigung berechnen

Setze $(x_1 \mid y_1) = (1 \mid 1)$ und $(x_2 \mid y_2) = (3 \mid 5)$ ein:

$$a = \frac{y_2 - y_1}{x_2 - x_1}$$

$$a = \frac{5-1}{3-1} = \frac{4}{2} = 2$$

2. Geradengleichung finden

Punkt-Steigungs-Form der Geradengleichung:

$$y = a(x - x_0) + y_0$$

Setze $a = 2$ und beispielsweise $(x_0 \mid y_0) = (1 \mid 1)$ ein:

$$y = a(x - x_0) + y_0$$
$$y = 2(x-1) + 1$$
$$y = 2x - 2 + 1$$
$$y = 2x - 1$$

Die gesuchte Geradengleichung ist also $y = 2x - 1$.

3.5 Schnittpunkte von Geraden

Wir ermitteln nun den Schnittpunkt einer Geraden

- mit der y-Achse, 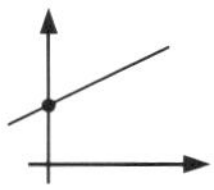

- mit der x-Achse, 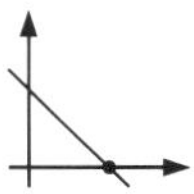

- mit einer anderen Gerade 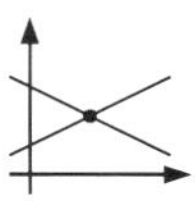

Zu jedem Fall werden wir ein Beispiel durchrechnen. Die Betrachtungen sind allgemeiner Natur und können auf andere Kurven, wie zum Beispiel Parabeln, übertragen werden.

Beispiel 1 (Gerade/*y*-Achse)
Gegeben: Gerade mit der Gleichung $y = 2x + 1$
Gesucht: Schnittpunkt der Gerade mit der y-Achse

Lösung 1 (Rechnen)

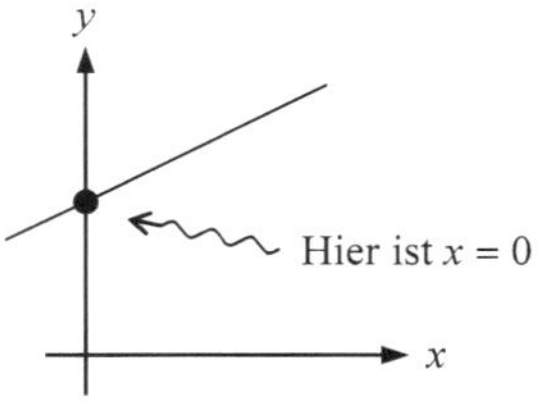

Wir suchen die Höhenposition der Gerade an der Links-rechts-Position $x = 0$. Die Geradengleichung ist die Höhenformel. Also muss man nur $x = 0$ einsetzen:

$$y = 2x + 1$$
$$y = 2 \cdot 0 + 1$$
$$y = 0 + 1$$
$$y = 1$$

Die Gerade schneidet die y-Achse bei $y = 1$. Anders gesagt: Der Schnittpunkt der Geraden mit der y-Achse ist $(0|1)$.

Lösung 2 (Ablesen)

Die Geradengleichung lautet: $y = 2x + \mathbf{1}$
$$\uparrow$$

Die Gerade schneidet die y-Achse bei $y = 1$. Der Schnittpunkt der Geraden mit der y-Achse ist $(0|1)$.

Beispiel 2 (Gerade/*x*-Achse)
Gegeben: Gerade mit der Gleichung $y = -2x + 6$
Gesucht: Schnittpunkt der Gerade mit der *y*-Achse

Lösung

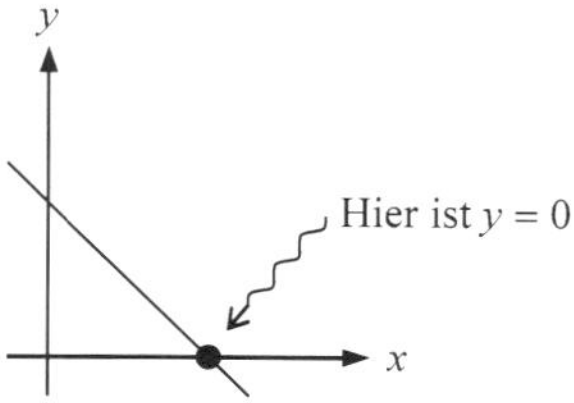

Wir suchen die Links-rechts-Position *x*, an der die Gerade die Höhenposition 0 hat (d. h. $y = 0$). Die Geradengleichung verbindet die Höhenposition mit der Links-rechts-Position. Also muss man nur $y = 0$ einsetzen und nach *x* auflösen:

$$\begin{aligned} y &= -2x + 6 && \mid y = 0 \text{ einsetzen} \\ 0 &= -2x + 6 && \mid +2x \\ 2x &= 6 && \mid :2 \\ x &= 3 \end{aligned}$$

Die Gerade schneidet die *x*-Achse bei $x = 3$. Anders gesagt: Der Schnittpunkt der Geraden mit der *x*-Achse ist $(3|0)$.

Anmerkung
An der Stelle $x = 3$ hat die Gerade die Höhe 0. Deswegen wird $x = 3$ auch **Nullstelle** genannt.

Beispiel 3 (Gerade/Gerade)
Gegeben: Zwei Geraden:

- $y = x - 1$
- $y = -0{,}5x + 2$

Gesucht: Schnittpunkt der beiden Geraden

Lösung

1. Die x-Koordinate des Schnittpunktes

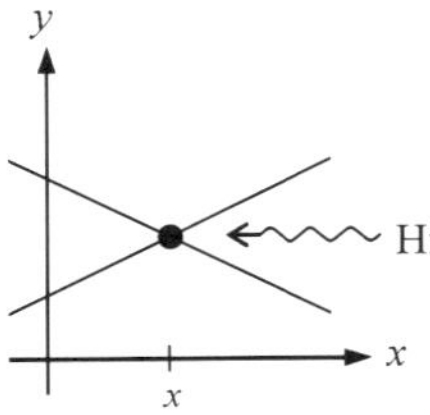

Wir haben also die Gleichung:

$$\left.\begin{array}{c}\text{Höhe von Gerade 1}\\ \text{(an der Stelle } x)\end{array}\right\} = \left\{\begin{array}{c}\text{Höhe von Gerade 2}\\ \text{(an der Stelle } x)\end{array}\right.$$

Die Geradengleichung liefert die Höhe einer Geraden, also sind

$$y = x - 1 \quad \text{und} \quad y = -0,5x + 2$$

gleichzusetzen:

$$x - 1 = -0,5x + 2$$

Wir lösen nun nach x auf:

$$\begin{aligned} x - 1 &= -0,5x + 2 && \mid +0,5x \\ 1,5x - 1 &= 2 && \mid +1 \\ 1,5x &= 3 && \mid :1,5 \\ x &= 2 \end{aligned}$$

Die x-Koordinate des Schnittpunktes ist also $x = 2$.

2. Die y-Koordinate des Schnittpunktes

Zur Berechnung der y-Koordinate des Schnittpunktes setzen wir $x = 2$ in eine der Geradengleichungen ein, z. B. in die (einfachere) erste:

$$y = x - 1 \qquad \mid x = 2 \text{ einsetzen}$$

$$y = 2 - 1$$
$$y = 1$$

Die y-Koordinate des Schnittpunktes ist also $y = 1$.

Der Schnittpunkt der beiden Geraden hat also die Koordinaten $x = 2$ und $y = 1$. Anders gesagt: der Schnittpunkt der beiden Geraden ist $(2|1)$.

3.6 Parallele und senkrechte Geraden

Wir untersuchen nun die Frage, wie man an den Geradengleichungen erkennen kann, ob zwei Geraden parallel oder senkrecht zueinander sind.

Parallele Geraden haben offenbar die *gleiche Steigung*. Die Steigung ist die Vorzahl von x in der Geradengleichung. Wir können das formal so aufschreiben:

$$\left.\begin{array}{l} y = a_1 x + b_1 \\ y = a_2 x + b_2 \end{array}\right\} \text{ parallel} \quad \Longleftrightarrow \quad a_1 = a_2$$

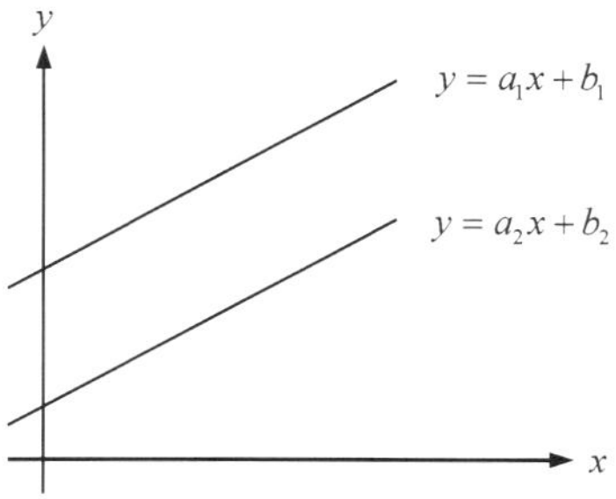

Das Verständnis *senkrechter* Geraden erfordert einige Überlegungen. Wir gehen von einer Geraden mit der Steigung a aus:

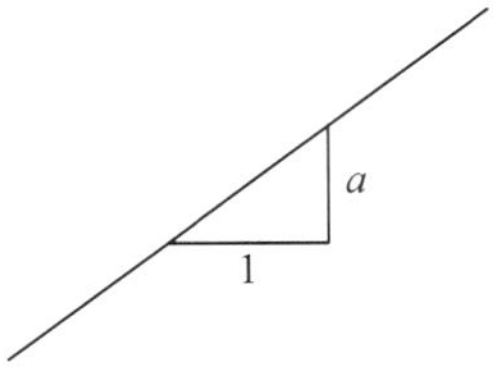

Jetzt drehen wir die Gerade zusammen mit ihrem Steigungsdreieck um 90° gegen den Uhrzeigersinn. Wir bekommen eine Gerade die zur ursprünglichen Gerade senkrecht ist:

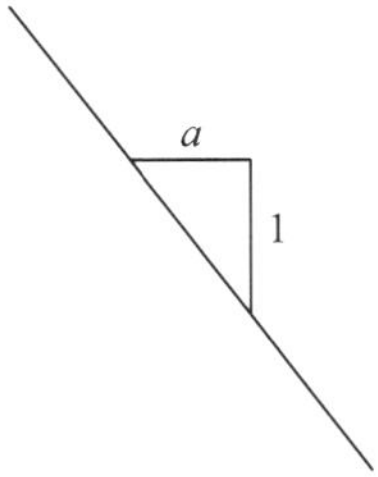

Diese Gerade ist fallend. Das Steigungsdreieck muss noch normiert werden („1 Schritt nach rechts"):

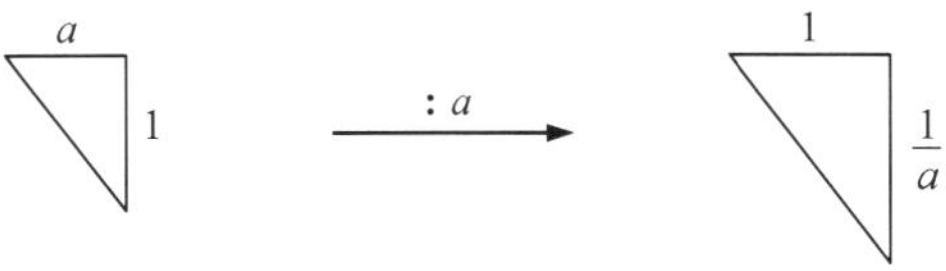

Die Steigung (hier ein Gefälle) ist also: $-\frac{1}{a}$.

Wir fassen zusammen:
Die Steigung einer zu $y = ax + b$ senkrechten Gerade ist der **negative Kehrwert** der Steigung der gegebenen Gerade:

$$-\frac{1}{a}$$

Wir können das formal folgendermaßen aufschreiben:

$$\left.\begin{array}{l} y = a_1 x + b_1 \\ y = a_2 x + b_2 \end{array}\right\} \text{ senkrecht } \iff a_2 = -\frac{1}{a_1}$$

$$\left[\text{Oder: } a_1 \cdot a_2 = -1\right]$$

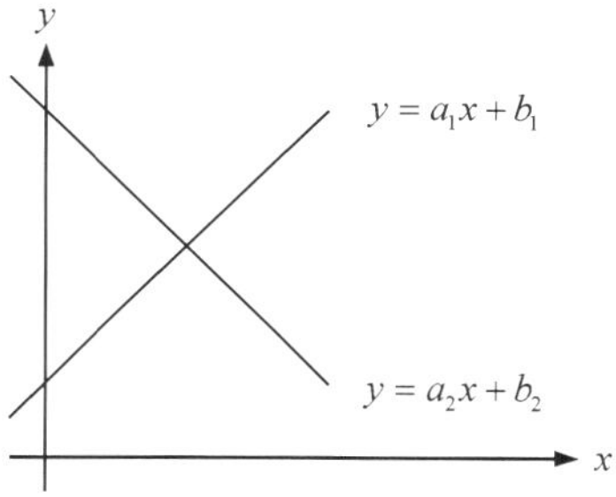

Die Bedingung $a_1 \cdot a_2 = -1$ ist schön symmetrisch und folgt aus $a_2 = -\frac{1}{a_1}$ durch Multiplikation mit a_1. Man kann also auch sagen, dass zwei Geraden genau dann senkrecht aufeinander stehen, wenn das Produkt ihrer Steigungen –1 ist.

Zur Konkretisierung der theoretischen Aussagen, folgen nun mehrere Beispiele.

Beispiele

1) $y = 2x + 1$ und $y = -2x + 3$ sind weder parallel noch senkrecht.
   Denn ihre Steigungen sind 2 und –2, also ungleich und ihr Produkt $2 \cdot (-2) = -4 \neq -1$.

2) $y = 3x - 1$ und $y = 3x + 2$ sind parallel, aber nicht senkrecht.

Denn ihre Steigungen sind beide 3, aber ihr Produkt ist:
$3 \cdot 3 = 9 \neq -1$.

3) $y = x + 3$ und $y = -0,5x + 3$ sind weder parallel noch senkrecht.
Ihre Steigungen sind 1 und –0,5, also ungleich und ihr Produkt: $1 \cdot (-0,5) = -0,5 \neq -1$.

4) $y = x - 1$ und $y = -x - 1$ sind nicht parallel, aber senkrecht.
Denn ihre Steigungen sind 1 und –1, also ungleich und ihr Produkt $1 \cdot (-1) = -1$.

5) $y = \frac{2}{3} + 4x$ und $y = -\frac{2}{3} + 4x$ sind parallel, aber nicht senkrecht.
Denn ihre Steigungen sind beide 4, aber ihr Produkt ist:
$4 \cdot 4 = 16 \neq -1$.

6) $y = -4x + 1$ und $y = ax + 3$ stehen senkrecht aufeinander.
Welchen Wert hat a?
a muss der negative Kehrwert von –4 sein, also:
$a = -\frac{1}{-4} = \frac{1}{4}$

3.7 Abstände

Wir betrachten folgende Themen:

- Satz des Pythagoras
- Abstand zwischen zwei Punkten
- Abstand zwischen zwei parallelen Geraden
- Abstand zwischen einem Punkt und einer Geraden

Satz des Pythagoras

Wir benötigen den Satz des Pythagoras, dessen Aussage wir ohne Beweis formulieren.

Ein rechtwinkliges Dreieck hat einen rechten Winkel. Die Seiten, die den rechten Winkel bilden, heißen Katheten. Die Seite, die dem rechten Winkel gegenüber liegt, wird Hypotenuse genannt.

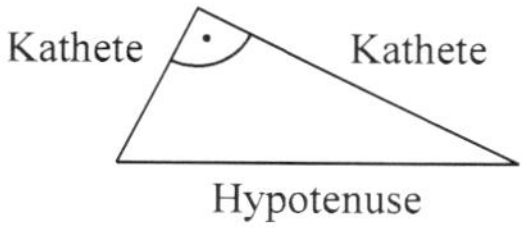

Der *Satz des Pythagoras* lautet: Die Flächen der Kathetenquadrate zusammen sind so groß wie Fläche des Hypotenusenquadrates:

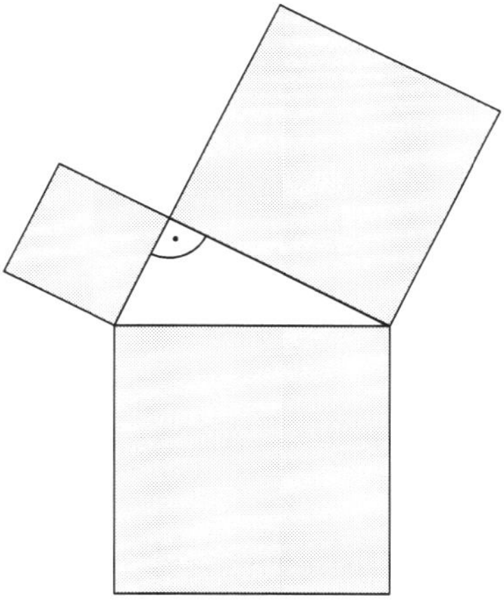

$$\text{Kathete}^2 + \text{Kathete}^2 = \text{Hypotenuse}^2$$

Werden die Katheten mit a und b bezeichnet und die Hypotenuse mit c, so nimmt der Satz des Pythagoras die übliche Gestalt an:

$$a^2 + b^2 = c^2.$$

Wir werden den Satz des Pythagoras vor allem auf (eventuell größenveränderte) Steigungsdreiecke anwenden.

Abstand zwischen zwei Punkten

Beispiel

Gegeben: Zwei Punkte: $(1|2)$ und $(4|6)$

Gesucht: Abstand d (d von **D**istanz)

Lösung

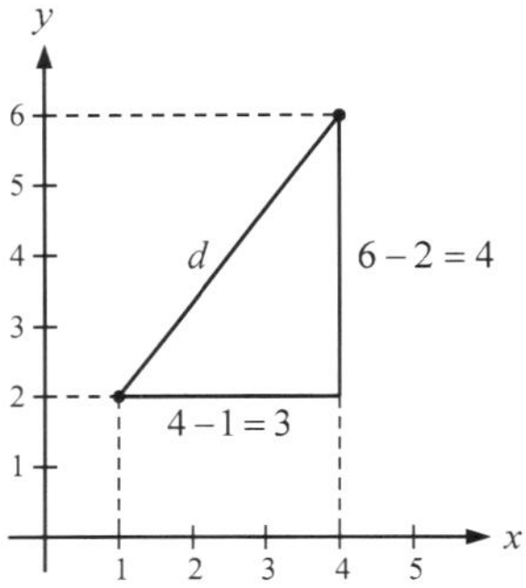

Der Satz des Pythagoras besagt in dieser Situation:

$$\begin{aligned} d^2 &= 3^2 + 4^2 \\ d^2 &= 9 + 16 \\ d^2 &= 25 \qquad \text{| Wurzel ziehen} \\ d &= 5 \end{aligned}$$

Der Abstand der beiden Punkte ist also $d = 5$.

Allgemein

Gegeben: Zwei Punkte: $(x_1 \mid y_1)$ und $(x_2 \mid y_2)$

Gesucht: Abstand d (d von **D**istanz)

Lösung

Die Verbindungsstrecke der beiden Punkte erscheint wieder als Hypotenuse eines rechtwinkligen Dreiecks:

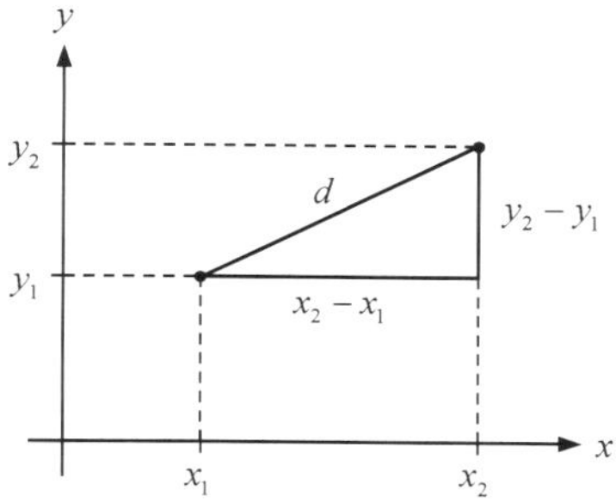

Satz des Pythagoras:

$$d^2 = (x_2 - x_1)^2 + (y_2 - y_1)^2 \qquad | \text{ Wurzel ziehen}$$
$$d = \sqrt{(x_2 - x_1)^2 + (y_2 - y_1)^2}$$

Also:

Der Abstand zwischen den Punkten $(x_1 \mid y_1)$ und $(x_2 \mid y_2)$ ist:

$$d = \sqrt{(x_2 - x_1)^2 + (y_2 - y_1)^2}$$

Wir haben damit wieder einmal eine Formel durch den Übergang vom konkreten Beispiel zum allgemeinen Fall gewonnen.

Abstand zwischen zwei parallelen Geraden

Wir benötigen den Flächeninhalt eines Parallelogramms. Ein Parallelogramm ist ein Viereck mit zwei Paaren paralleler Seiten:

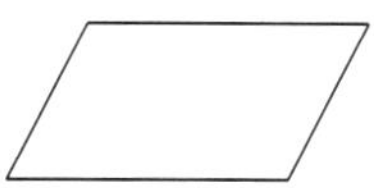

Man kann ein Parallelogramm stets in ein flächengleiches Rechteck umwandeln, wobei Grundseite und Höhe erhalten bleiben:

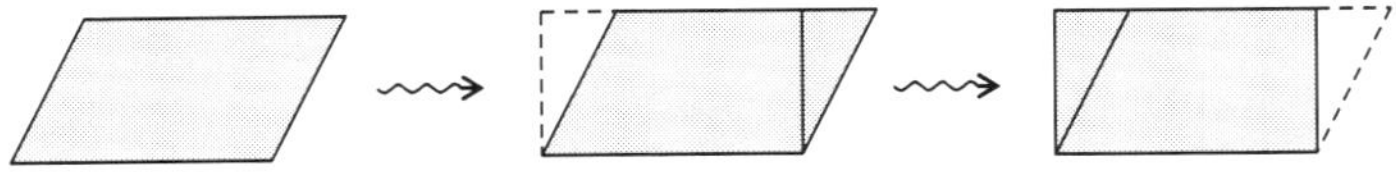

Der Flächeninhalt eines Parallelogramm ist also das Produkt Grundseite mal Höhe. Man beachte, dass **jede Seite** als **Grundseite** gewählt werden kann.

Wir werden nun den Abstand zwischen zwei parallelen Geraden berechnen:

Problem

Gegeben: Zwei parallele Geraden (also mit gleicher Steigung a):

- $y = ax + b_1$
- $y = ax + b_2$

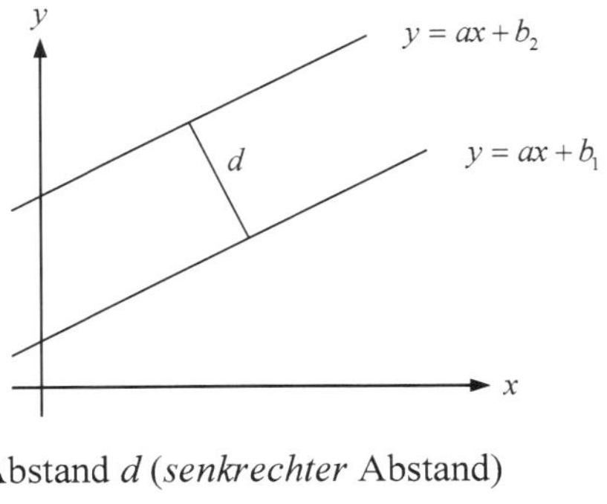

Gesucht: Abstand d (*senkrechter* Abstand)

Lösung

Wir zeichnen das Steigungsdreieck ein und darüber ein Parallelogramm unter Einbeziehung der parallelen Geraden. Der gesuchte Abstand zwischen den Geraden erscheint nun als Höhe auf einer der Grundseiten des Parallelogramms. Die Hypotenuse des

Steigungsdreiecks ist nach dem Satz des Pythagoras $\sqrt{1+a^2}$.

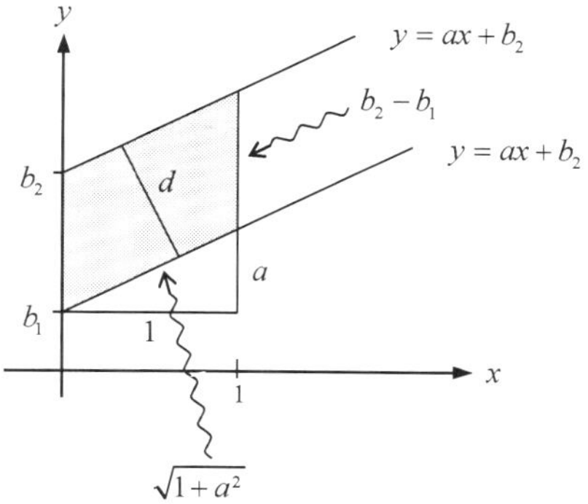

Der Flächeninhalt A des Parallelogramms kann auf zwei Arten ausgedrückt werden:

1) $A = (b_2 - b_1) \cdot 1$ (Grundseite: $b_2 - b_1$, Höhe: 1)

2) $A = \sqrt{1+a^2} \cdot d$ (Grundseite: $\sqrt{1+a^2}$, Höhe: d)

Also ist:

$$\sqrt{1+a^2} \cdot d = (b_2 - b_1) \cdot 1$$
$$\sqrt{1+a^2} \cdot d = b_2 - b_1 \qquad | : \sqrt{1+a^2}$$
$$d = \frac{b_2 - b_1}{\sqrt{1+a^2}}$$

In der Skizze (und damit auch in der Berechnung) wird vorausgesetzt, dass b_2 größer als b_1 ist. Dann ist die Differenz $b_2 - b_1$ positiv. Im anderen Fall wäre die Differenz negativ, und die obige Formel liefert auch für d ein negatives Ergebnis. Um in beiden Fällen das richtige nicht-negative Ergebnis zu bekommen, wird der **Betrag** $|b_2 - b_1|$ genommen. Der Betrag macht aus jeder negativen Zahl eine positive Zahl, er verschluckt gewissermaßen das Minuszeichen. Beispiele: $|3| = 3$, $|-2| = 2$, $|0| = 0$.

Wir fassen zusammen:

Abstand paralleler Geraden

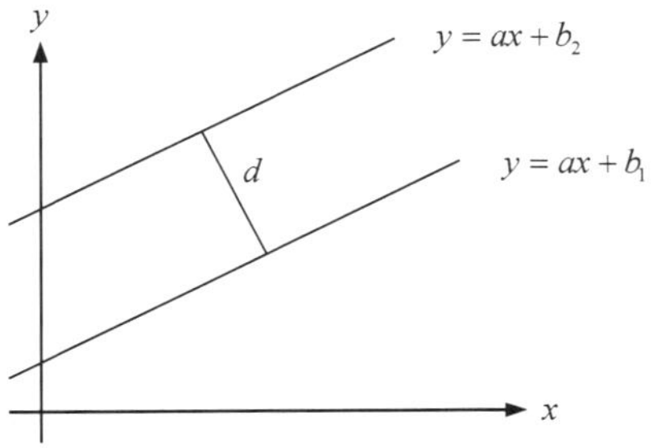

$$d = \frac{|b_2 - b_1|}{\sqrt{1+a^2}}$$

Anmerkung
Der Ansatz mit dem Parallelogramm ermöglicht auch in anderen Situationen die schnelle Berechnung von Abständen (Vektorrechnung im Raum).

Beispiel
Gegeben: Zwei parallele Geraden $y = 2x + 1$ und $y = 2x + 4$
Gesucht: Abstand d

Lösung

$$d = \frac{|b_2 - b_1|}{\sqrt{1+a^2}}$$

$$d = \frac{|4-1|}{\sqrt{1+2^2}} = \frac{|3|}{\sqrt{5}} = \frac{3}{\sqrt{5}} = 1{,}341640786\ldots$$

Der Abstand beträgt also etwa $d \approx 1{,}34$.

Abstand zwischen Punkt und Gerade

Zur Berechnung des Abstandes zwischen einem Punkt und einer Geraden werden wir in dem nachstehenden Beispiel zwei verschiedene Lösungswege anbieten.

Beim ersten Lösungsweg wird durch den Punkt eine zur gegebenen Gerade senkrechte Gerade gezogen. Der gesuchte Abstand ist dann der Abstand zwischen dem Schnittpunkt der beiden Geraden und dem gegebenen Punkt.

Beim zweiten Lösungsweg wird durch den Punkt eine zur gegebenen Gerade parallele Gerade gezogen. Der gesuchte Abstand ist dann der Abstand zwischen den beiden parallelen Geraden.

Beispiel

Gegeben: Punkt P: $(5|1)$

Gerade g: $y = 2x + 1$

Gesucht: Abstand d zwischen P und g

Lösung 1

1. Betrachte die zu g senkrechte Gerade h, die durch P geht

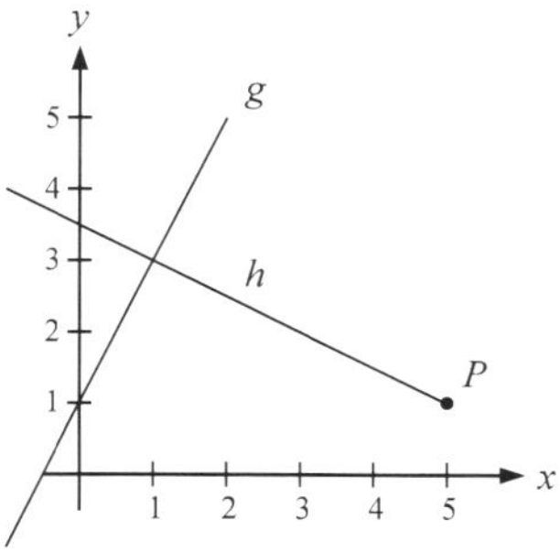

Steigung von h: $a = -\frac{1}{2} = -0,5$ (negativer Kehrwert von 2)

Punkt P auf h: $(5|1)$

Wir setzen diese Werte nun in die Punkt-Steigungs-Form der Geradengleichung für h ein:

$$\begin{aligned} y &= a(x - x_0) + y_0 \\ y &= -0,5(x-5)+1 \\ y &= -0,5x+2,5+1 \\ y &= -0,5x+3,5 \end{aligned}$$

2. Schnittpunkt Q von h und g

Setze $y = 2x+1$ und $y = -0,5x+3,5$ gleich und löse nach x auf:

$$\begin{aligned} 2x+1 &= -0,5x+3,5 \\ 2,5x+1 &= 3,5 \\ 2,5x &= 2,5 \\ x &= 1 \end{aligned}$$

Um die y-Koordinate des Schnittpunktes zu berechnen setzen wir $x = 1$ in die (einfachere) Geradengleichung von g ein:

$$\begin{aligned} y &= 2x+1 \\ y &= 2 \cdot 1 + 1 \\ y &= 3 \end{aligned}$$

Also ist der Schnittpunkt $Q(1|3)$.

3. Abstand zwischen P(5|1) und Q(1|3)

$$\begin{aligned} d &= \sqrt{(x_2 - x_1)^2 + (y_2 - y_1)^2} \\ d &= \sqrt{(1-5)^2 + (3-1)^2} \end{aligned}$$

$$d = \sqrt{(-4)^2 + 2^2}$$
$$d = \sqrt{16 + 4}$$
$$d = \sqrt{20} = 4,47213595\ldots$$

Der Abstand zwischen P und g beträgt also etwa $d \approx 4,47$.

Lösung 2

1. Betrachte die zu g parallele Gerade h, die durch P geht

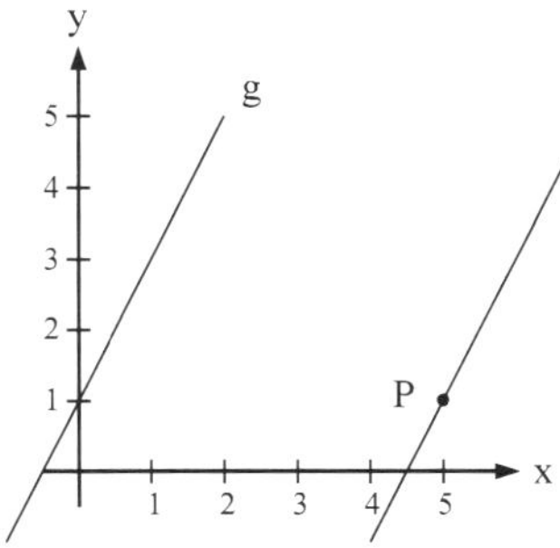

Steigung von h: $a = 2$ (h ist parallel zu g: $y = 2x + 1$)
Punkt P auf h: $(5|1)$

Wir setzen diese Werte nun in die Punkt-Steigungs-Form der Geradengleichung für h ein:

$$y = a(x - x_0) + y_0$$
$$y = 2(x - 5) + 1$$
$$y = 2x - 10 + 1$$
$$y = 2x - 9$$

2. Berechne den Abstand d zwischen g und h

Die Geradengleichung von g ist $y = 2x + 1$, und die Geradengleichung von h ist $y = 2x - 9$.

Also:

$$d = \frac{|b_2 - b_1|}{\sqrt{1+a^2}}$$

$$d = \frac{|-9-1|}{\sqrt{1+2^2}} = \frac{|-10|}{\sqrt{5}} = \frac{10}{\sqrt{5}} = 4{,}47213595\ldots$$

Der Abstand beträgt also etwa $d \approx 4{,}47$.

Anmerkung

Die Methode des zweiten Lösungsweges führt zu einer einfachen Formel für den Abstand zwischen einem Punkt $(x_0 \mid y_0)$ und einer Geraden g mit der Geradengleichung $y = ax + b$:

Die zu g parallele Gerade durch den Punkt $(x_0 \mid y_0)$ wird durch folgende Gleichung beschrieben (Punkt-Steigungs-Form):

$$y = a(x - x_0) + y_0 .$$

Ausmultpliziert, ergibt sich:

$$y = ax + y_0 - ax_0 .$$

Die Abstandsformel für parallele Gerade liefert nun den Abstand:

$$d = \frac{|b_2 - b_1|}{\sqrt{1+a^2}} = \frac{|b - (y_0 - ax_0)|}{\sqrt{1+a^2}} = \frac{|ax_0 + b - y_0|}{\sqrt{1+a^2}}$$

Also:

$$d = \frac{|ax_0 + b - y_0|}{\sqrt{1+a^2}}$$

Hierbei ist $ax_0 + b$ die Höhe der Geraden an der Stelle x_0 und y_0 die Höhe des gegebenen Punktes, der sich ebenfalls an der Stelle x_0 befindet. Im Zähler steht also der Höhenunterschied von Gerade und Punkt. Und im Nenner steht die Länge der Hypotenuse des Steigungsdreiecks der Gerade.

Aufgaben

Aufgaben zu Kapitel 3.1 und 3.2

1. Skizziere die Geraden zu den gegebenen Geradengleichungen:
a) $y = 3x$
b) $y = 0,5x$
c) $y = -x$
d) $y = -3x$
Benutze jeweils eine *Wertetabelle* der Gestalt:

x	y
–3	
–2	
–1	
0	
1	
2	
3	

2. Skizziere die Geraden zu den gegebenen Geradengleichungen:
a) $y = 3x - 2$
b) $y = -x + 3$
c) $y = -2x + 2$
Benutze jeweils eine *Wertetabelle* wie in Aufgabe 1.

3. Betrachte die durch die Geradengleichung $y = 2x - 1$ gegebene Gerade g und die folgenden Punkte:

$(-3|-7)$, $(-2|1)$, $(-2|-5)$, $(-2|-6)$, $(1|-2)$, $(1|4)$, $(2|4)$, $(2|0)$, $(2|3)$, $(0|1)$, $(0|-1)$

a) Welche ***y*-Koordinate** müsste jeder Punkt haben, damit er **auf** der Geraden liegt?

b) Welche der Punkte liegen **auf** der Geraden g?
c) Welche der Punkte liegen **oberhalb** der Geraden g?
d) Welche der Punkte liegen **unterhalb** der Geraden g?

Finde die Lösung
1) rechnerisch durch Betrachten der y-Koordinate und
2) anschaulich durch Zeichnen von Gerade und Punkten.

4. Von der jeweiligen Gerade sind ein **Punkt** und die **Steigung** gegeben. Damit ist die Gerade eindeutig festgelegt. Zeichne die Gerade und finde die Geradengleichung anhand der Zeichnung.
a) Punkt: $(1|-1)$, Steigung: 2
b) Punkt: $(2|2)$, Steigung: 0,5
c) Punkt: $(2|-6)$, Steigung: –3
d) Punkt: $(-3|-1)$, Steigung: –1
e) Punkt: $(3|2)$, Steigung: 0
f) Punkt: $(-3|-11)$, Steigung: 3
g) Punkt: $(2|0)$, Steigung: –3

5. Von der jeweiligen Gerade sind **zwei Punkte** gegeben. Damit ist die Gerade eindeutig festgelegt. Zeichne die Gerade und finde die Geradengleichung anhand der Zeichnung.
a) Punkte: $(-1|4)$ und $(2|1)$
b) Punkte: $(-3|2)$ und $(2|7)$
c) Punkte: $(2|-1)$ und $(1|1)$
d) Punkte: $(-1|-7)$ und $(4|3)$
e) Punkte: $(-1|-3)$ und $(4|7)$
f) Punkte: $(2|1,5)$ und $(-4|4,5)$
g) Punkte: $(2|0,5)$ und $(5|5)$

Aufgaben zu Kapitel 3.3 und 3.4

6. Skizziere jeweils die Gerade und finde die Geradengleichung *rechnerisch*:

a) Punkt: $(1|-2)$, Steigung: 2
b) Punkt: $(-2|3)$, Steigung: –2
c) Punkt: $(1|1)$, Steigung: $\frac{1}{3}$

7. Skizziere jeweils die Gerade und finde die Geradengleichung *rechnerisch*:
a) Zwei Punkte: $(2|-2)$ und $(7|2)$
b) Zwei Punkte: $(-4|2)$ und $(5|-3)$
c) Zwei Punkte: $(-5|-2)$ und $(3|4)$

8. Skizziere jeweils die Gerade und finde die Geradengleichung *rechnerisch*:
a) Punkt: $(3|6)$, Steigung: 1
b) Punkt: $(2|6)$, Steigung: 4
c) Zwei Punkte: $(-1|4)$ und $(2|1)$
d) Zwei Punkte: $(1|3)$ und $(3|8)$
e) Punkt: $(2|-1)$, Steigung: –2

9. Skizziere jeweils die Gerade und finde die Geradengleichung *rechnerisch*:
a) Zwei Punkte: $(-1|2)$ und $(-2|5)$
b) Punkt: $(6|8)$, Steigung: 1,5
c) Zwei Punkte: $(2|0)$ und $(-1|9)$
d) Punkt: $(1|0{,}1)$, Steigung: 0,4
e) Zwei Punkte: $(2|7)$ und $(4|14)$
f) Zwei Punkte: $(1|1{,}5)$ und $(3|1{,}5)$

10. Die Gerade g schneidet die x-Achse bei $x = 2$ und die y-Achse bei $y = 3$. Skizziere g und finde die Geradengleichung. (Tipp: Zwei-Punkte-Problem)

11. Liegen die drei Punkte $(2|0)$, $(-1|9)$ und $(3|4)$ auf einer Geraden? (Tipp: Ziehe eine Gerade durch zwei der Punkte, finde die Geradengleichung. Prüfe, ob der dritte Punkt die Gleichung

erfüllt.)

Aufgaben zu Kapitel 3.5

12. Gegeben sind die Geraden *g*: $y = 0,5x - 1$ und *h*: $y = 5 - x$.
a) Berechne die Schnittpunkte von *g* mit den Koordinatenachsen.
b) Berechne die Schnittpunkte von *h* mit den Koordinatenachsen.
c) Berechne den Schnittpunkt von *g* und *h*.

13. Die zwei Geraden *g* und *h* sind durch folgende Bedingungen gegeben: *g* geht durch die Punkte $(1|-4)$ und $(7|8)$; *h* schneidet die *x*-Achse bei $x = 9$ und hat die Steigung $a_2 = -1$.
Bestimme die Koordinaten des Schnittpunktes von *g* und *h* rechnerisch.

14. Die zwei Geraden *g* und *h* sind durch folgende Bedingungen gegeben: *g* schneidet die *x*-Achse bei $x = 9$ und die *y*-Achse bei $y = 9$; *h* geht durch den Punkt $(2|-2)$ und hat die Steigung $a_2 = 2$.
Bestimme den Schnittpunkt von *g* und *h* rechnerisch.

15. Die zwei Geraden *g* und *h* sind durch folgende Bedingungen gegeben: *g* geht durch die Punkte $(0|4)$ und $(6|0)$; *h* hat die Steigung $a_2 = 0,5$ und schneidet die *x*-Achse bei $x = -3$.
Bestimme die Koordinaten des Schnittpunktes von *g* und *h* rechnerisch.

16. Die Gerade *g* schneidet die *y*-Achse bei $y = 4$ und geht durch den Punkt $(3|2)$. Die Gerade *h* und hat dieselbe Steigung wie *g* und schneidet die *y*-Achse bei $y = 1$.
Berechne den Schnittpunkt von *h* mit der *x*-Achse.

17. Die Gerade *g* wird durch die Gleichung $y = -3x + 5$

beschrieben. Die Gerade h enthält den Punkt $(5|2)$ und ist parallel zu g. Wie lautet die Geradengleichung von h? Berechne die Achsenschnittpunkte der Geraden h.

Aufgaben zu Kapitel 3.6

18. Die Gerade g wird durch die Gleichung $y = 2x - 8$ beschrieben. Die Gerade h schneidet g im Punkt $(5|2)$ *senkrecht*. Wie lautet die Geradengleichung von h? Berechne die Achsenschnittpunkte der Geraden h.

19. Die zwei Geraden g und h sind durch folgende Bedingungen gegeben: g geht durch die Punkte $(-1|2)$ und $(4|3)$; h enthält den Punkt $(2|5)$ und steht senkrecht auf der Geraden mit der Gleichung $y = -2x + 7$. Berechne den Schnittpunkt der Geraden g und h. Wo schneidet h die Koordinatenachsen?

20. Die Gerade g enthält die Punkte $(-3|0)$ und $(3|8)$. Die Gerade h ist parallel zu g und schneidet die y-Achse bei $y = 1$. Die Gerade f steht senkrecht auf g und geht durch den Punkt $(0|4)$. Berechne den Schnittpunkt von f mit h.

Aufgaben zu Kapitel 3.7

21. Berechne den Abstand d zwischen den beiden Punkten:
a) $(3|2)$ und $(4|-6)$
b) $(-2|-3)$ und $(4|-6)$
c) $(-2|-3)$ und $(3|2)$

22. Die Gerade g wird durch die Gleichung $y = 2x - 6$ beschrieben, die parallele Gerade h durch $y = ax - 4$. Welchen Wert hat a? Berechne den Abstand zwischen den beiden Geraden.

23. Berechne den Abstand zwischen dem Punkt $(1|5)$ und der

Geraden g: $y = 2x - 1$.

24. Die Gerade g schneidet die x-Achse $x = -2$ bei und die y-Achse bei $y = 4$. Die Gerade h ist parallel zu g und schneidet die x-Achse $x = -5$. Finde den Abstand zwischen den beiden Geraden.

25. Die Gerade h ist parallel zur Geraden g mit der Geradengleichung $y = 0,5x + 1$. Die Gerade h verläuft oberhalb von g in einem Abstand von $d = 3$. Bestimme die Geradengleichung von h. (Tipp: Abstandsformel)

4. Parabeln

4.1 Einführung

Parabeln im Alltag

Wenn man einen kleinen massiven Ball wirft, so hat seine Bahn in sehr guter Näherung die Form einer Parabel. Die Luftreibung verursacht Abweichungen von dieser Idealform. Das trifft besonders bei großen leichten Bällen und bei hohen Geschwindigkeiten zu.

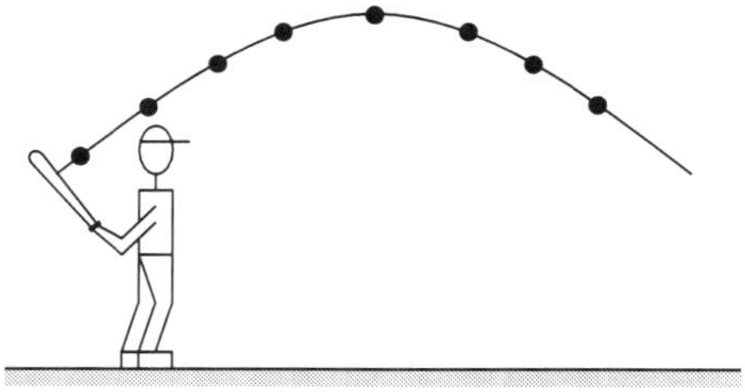

Bei einem Springbrunnen kann man die Parabel direkt sehen:

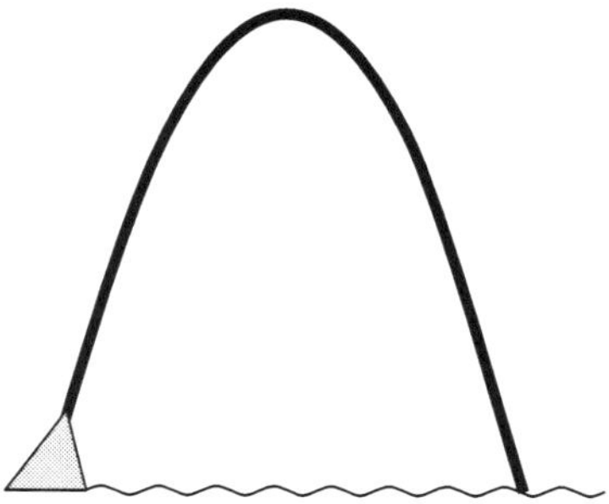

Die Parabolantennen für den Satellitenempfang haben eine Parabel als Querschnitt:

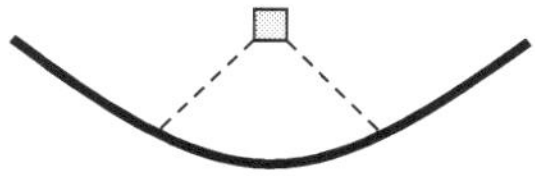

Diese Form bewirkt, dass die von den etwa 36 000 km entfernten Satelliten kommenden und praktisch parallelen Strahlen zum Empfänger im Brennpunkt der Parabel reflektiert werden:

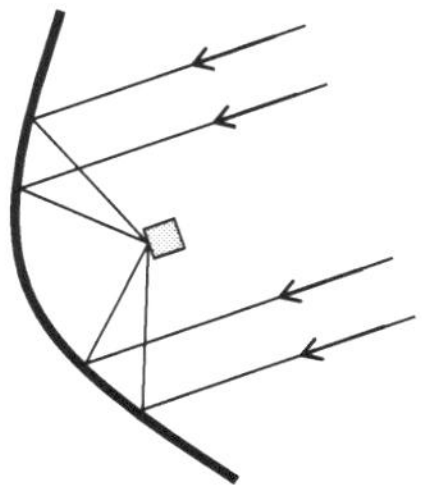

Es gibt auch parabolische Spiegel, die die Sonnenstrahlen konzentrieren und zum Kochen genutzt werden können.

Parabeln als Kegelschnitte

Parabeln tauchten schon in der Antike als **Kegelschnitte** auf. Dreht man eine Gerade um eine feste Achse im Raum, die die Gerade schneidet, so entsteht ein Doppelkegel:

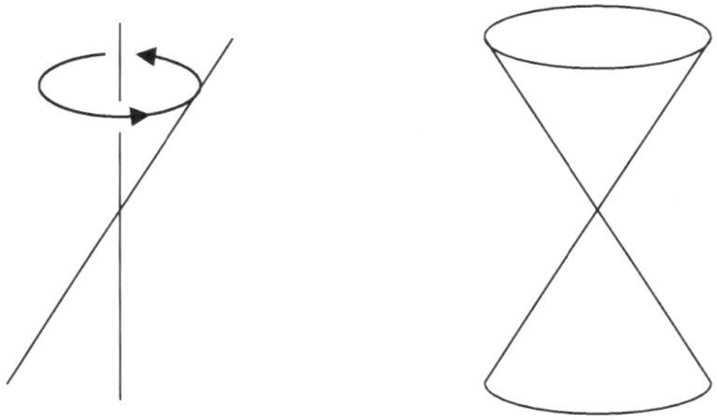

Führt man nun ebene Schnitte in verschiedenen Winkeln durch, so ergeben sich die drei klassischen Kegelschnitte als Schnittlinien:

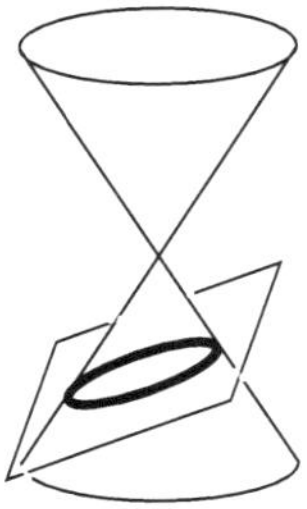

Ellipse
(Sonderfall: Kreis)

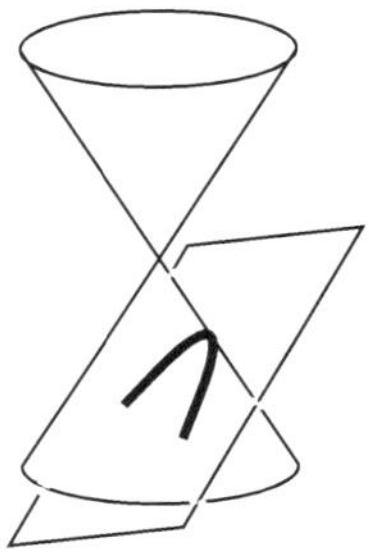

Parabel
(Schnittebene parallel zur Seitenlinie)

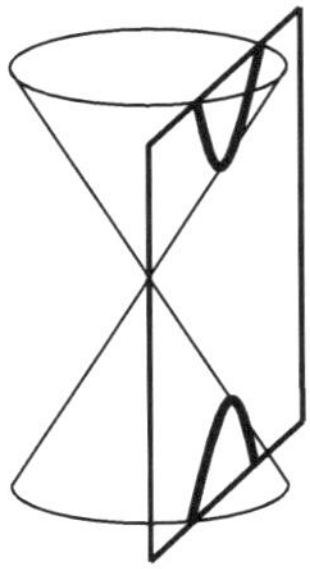

Hyperbel
(besteht aus 2 Ästen)

Isaac Newton (1643–1727) hat aus seinem Gravitationsgesetz gefolgert, dass die Bahnen aller Himmelskörper, die sich im Anziehungsfeld der Sonne bewegen, Kegelschnitte sind, also Ellipsen (z. B. bei Planeten), Parabeln und Hyperbeln (Kometen).

Abstandsdefinition von Kreis, Ellipse und Parabel

Die **Kreislinie** besteht aus allen Punkten, die einen festen Abstand r (Radius) vom Mittelpunkt haben:

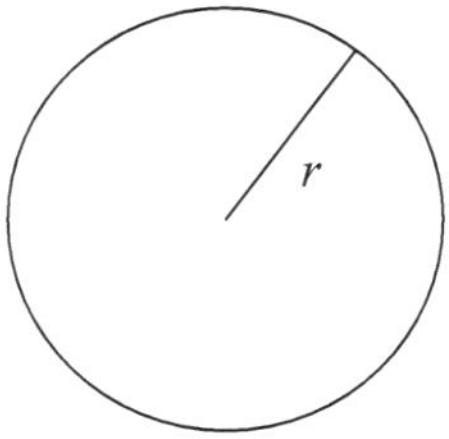

Eine Ellipse hat gewissermaßen zwei Mittelpunkte (die Brennpunkte genannt werden). Sie besteht aus allen Punkten, die einen festen Gesamtabstand zu den beiden Brennpunkten haben:

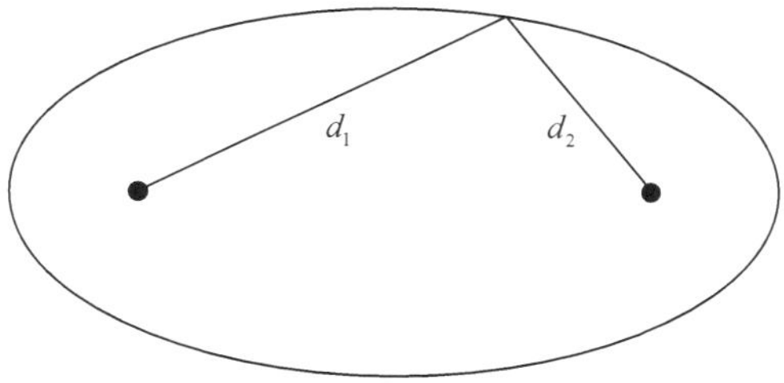

Der Gesamtabstand
$d_1 + d_2$
ist immer gleich.

Die Gärtner benutzen diese Beschreibung, um ein elliptisches Beet anzulegen. Es werden zwei Pflöcke in die Erde geschlagen und mit einer Schnur verbunden. Mit einem Stab (als „Schreibstift“) wird die Schnur gespannt und so um die Pflöcke bewegt:

In vergangenen Jahrhunderten wurden elliptische Räume in der Spionage angewendet. Wenn man die sich unbeobachtet und sicher wähnenden Sprecher in einen der Brennpunkte setzt, kann man im anderen Brennpunkt das Gesprochene mühelos hören.

Auch für die **Parabel** gibt es eine Abstandsdefinition. Dazu benötigt man

- eine Gerade („Leitgerade“) und
- einen Punkt („Brennpunkt“, „Fokus“).

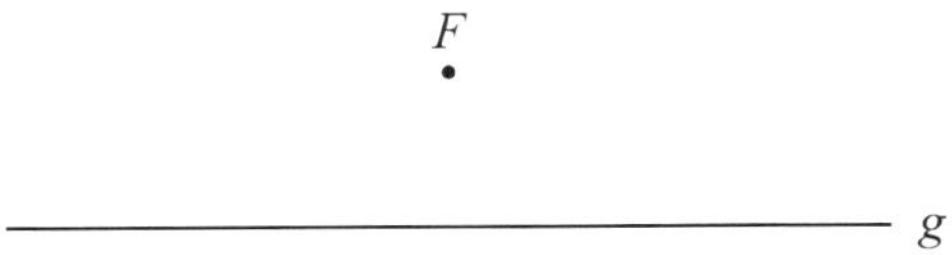

Die Parabel besteht aus allen Punkten, die gleich weit entfernt von F und g sind:

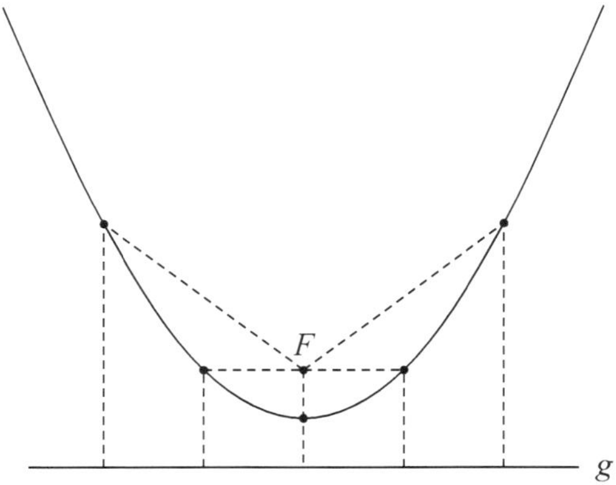

Parabeln im Koordinatensystem

Parabeln werden (wenn sie nicht schief liegen) durch Gleichungen beschrieben, die nur ein wenig komplizierter sind als die Geradengleichungen. Es kommt lediglich ein x^2-Term hinzu:

$$y = ax^2 + bx + c .$$

Diese allgemeine Parabelgleichung ist für uns der Ausgangspunkt. Die rechte Seite der Parabelgleichung wird auch als „quadratische

Funktion" bezeichnet.

4.2 Die Standard-Parabel

Die allgemeine Parabelgleichung

$$y = ax^2 + bx + c\,.$$

unterscheidet sich von der Geradengleichung nur um den zusätzlichen Summanden ax^2. Diesen wollen wir untersuchen, und zwar zunächst für den Fall $a = 1$. Anders gesagt, wir setzen $a = 1$, $b = 0$, $c = 0$ und erhalten so die Gleichung der einfachsten Parabel, der so genannten Standard-Parabel:

$$y = x^2$$

Die **Standard-Parabel** ist die Grundlage aller anderen Parabeln, sie ist die Mutter aller Parabeln.

Wir zeichnen die Parabel mit Hilfe einer Werte-Tabelle:

x	$y = x^2$
–3	9
–2	4
–1	1
–0,5	0,25
0	0
0,5	0,25
1	1
2	4
3	9

Die Parabel ist symmetrisch und hat keine Kanten oder Ecken. Sie ist nach oben geöffnet. Der Punkt mit der größten Krümmung heißt **Scheitelpunkt**.

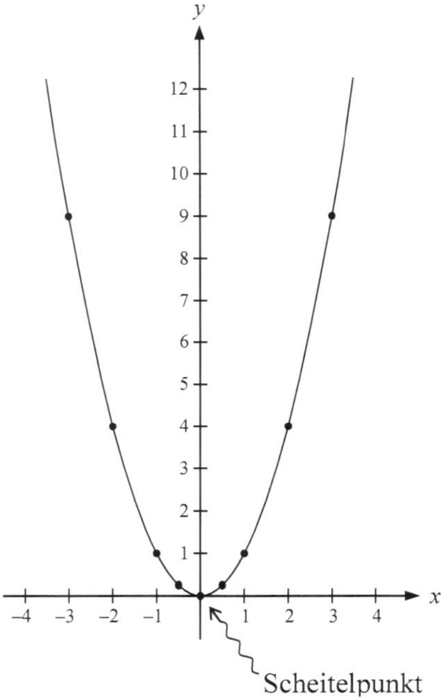

4.3 Die Öffnung: Breite und schmale Parabeln

Wir betrachten nun Parabeln mit der Gleichung

$$y = ax^2$$

Der Rechenausdruck ax^2 bedeutet nach der Regel „Potenzrechnung geht vor Punkt- und Strichrechnung", dass x^2 gebildet wird und das Ergebnis mit a zu multiplizieren ist. So als würde eine Klammer stehen: $y = a(x^2)$.

Um die anschauliche Bedeutung von a zu verstehen, betrachten wir als Beispiele folgende Werte für a:

$a = -1$, also: $y = -x^2$
$a = 0,5$, also $y = 0,5x^2$
$a = 2$, also $y = 2x^2$

Beispiel 1
Wir betrachten die Parabel $y = -x^2$, ($a = -1$).

x	$y = -x^2$
–2	–4
–1	–1
0	0
1	**–1** ← a
2	–4

Wenn man $x = 1$ in $y = ax^2$ einsetzt, ergibt sich a, die Vorzahl von x^2. Im vorliegenden Beispiel ist $a = -1$ das Ergebnis.

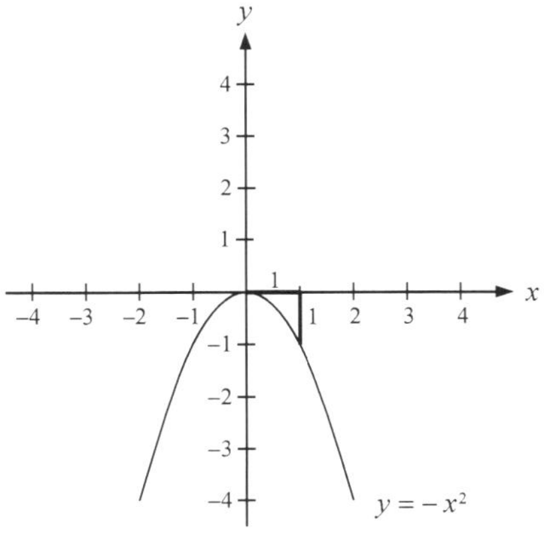

Die Parabel ist nach unten geöffnet. Ähnlich wie beim Steigungsdreieck bei Geraden kann man hier (**nur** vom **Scheitelpunkt** ausgehend) ein Öffnungsdreieck benutzen. Vom Scheitelpunkt aus ein Schritt nach rechts und 1 Schritt nach **unten**. Die Vorzahl a von x^2 hat also eine vergleichbare anschauliche Bedeutung wie die Steigung bei Geraden.

Beispiel 2
Wir betrachten die Parabel $y = 0,5x^2$, ($a = 0,5$).

x	$y = 0,5x^2$	
–2	2	
–1	0,5	
0	0	
1	0,5	$\leftarrow a$
2	2	

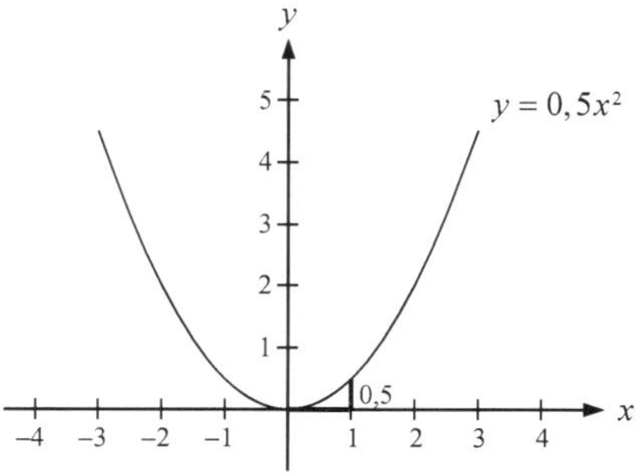

Die Parabel ist weiter geöffnet (dicker, breiter) als die Standard-Parabel. Auch hier ist das Öffnungsdreieck anwendbar, vom Scheitelpunkt aus ein Schritt nach rechts und 0,5 Schritte nach oben.

Beispiel 3
Wir betrachten die Parabel $y = 2x^2$, ($a = 2$).

x	$y = 2x^2$	
–1,5	4,5	
–1	2	
–0,5	0,5	
0	0	
–0,5	0,5	
1	2	$\leftarrow a$
1,5	4,5	

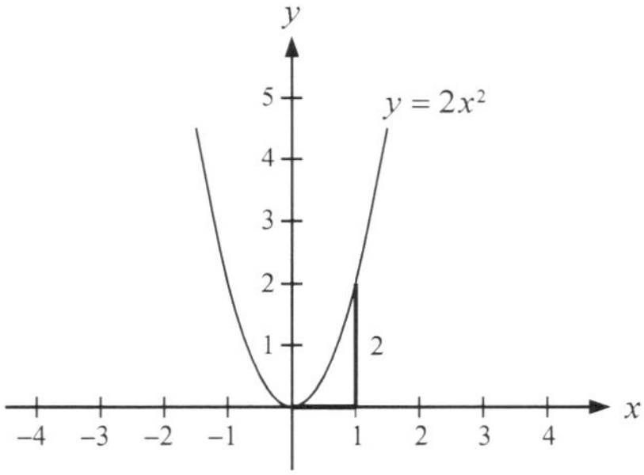

Die Parabel ist schmaler (dünner) als die Standard-Parabel. Auch hier ist das Öffnungsdreieck anwendbar, vom Scheitelpunkt aus ein Schritt nach rechts und 2 Schritte nach oben.

Fazit

Die Vorzahl (Koeffizient) a von x^2 bei $y = ax^2$ bestimmt, wie die Parabel geöffnet ist. Daher kann man a als *Öffnung* bezeichnen. Anschaulich kann die Öffnung (wie die Steigung bei Geraden) durch ein Dreieck dargestellt werden. Dieses *Öffnungsdreieck* **muss** beim *Scheitelpunkt* beginnen:

Vom Scheitelpunkt aus einen Schritt nach rechts und

dann a nach $\begin{cases} \text{oben, wenn } a \text{ positiv ist.} \\ \text{unten, wenn } a \text{ negativ ist.} \end{cases}$

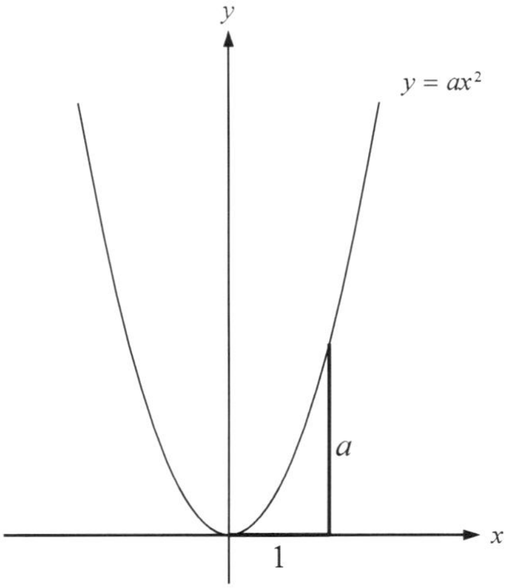

Anmerkung
Da die Parabeln offenbar symmetrisch sind, kann man ein Öffnungsdreieck auch *links* vom Scheitelpunkt zeichnen.

4.4 Verschobene Parabeln, Scheitelform der Parabelgleichung

Betrachten wir die Parabel $y = ax^2$ unabhängig vom Koordinatensystem, so ergibt sich folgendes Bild:

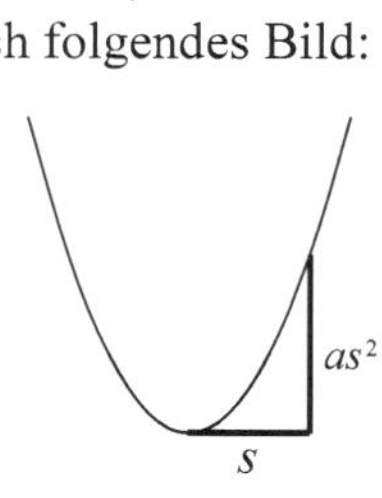

Hier sind s und as^2 Streckenlängen.

Wir verschieben nun die Parabel $y = ax^2$ so, dass der Scheitelpunkt nicht mehr im Ursprung liegt, sondern im Punkt $(A \mid B)$:

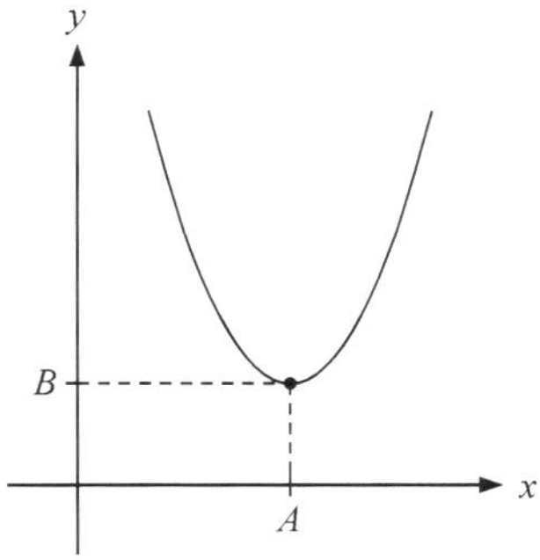

Wie lautet die Gleichung dieser Parabel? Nehmen wir die Stelle x auf der x-Achse ins Visier. Wir müssen finden, in welcher Höhe y sich die Parabel dort befindet. Die Lösung kann man aus dem nachstehenden Bild ablesen (mit $s = x - A$):

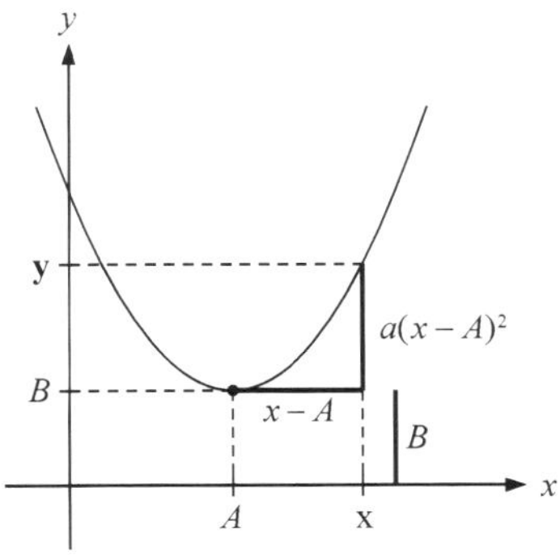

Die Gesamthöhe setzt sich aus dem Sockel B und dem Höhenzuwachs $a(x - A)^2$ zusammen:

$$y = a(x - A)^2 + B$$

Dies ist die Scheitelform oder Scheitelpunktsform der Parabelgleichung. Sie enthält die Öffnung a und die Koordinaten A, B des Scheitelpunktes. Zusammengefasst:

Scheitelform der Parabelgleichung

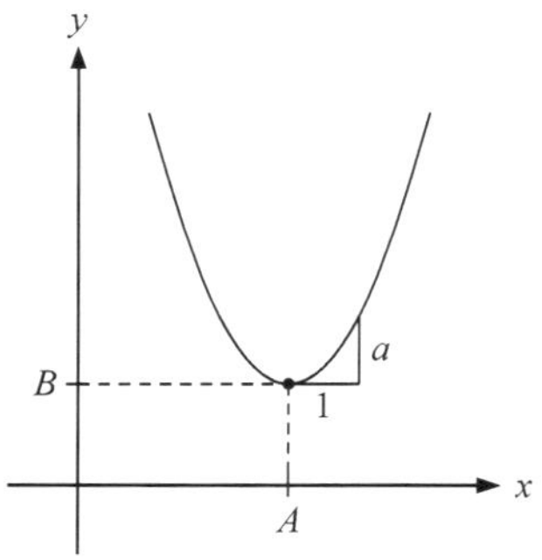

$$y = a(x - A)^2 + B$$

a: Öffnung, $(A \mid B)$: Scheitelpunkt der Parabel

Beispiel 1

Gegeben: Parabel:
- Scheitelpunkt: $(2 \mid 1)$
- Öffnung: 1

Gesucht: 1. Parabelgleichung in Scheitelform
2. Parabelgleichung in allgemeiner Form

Lösung

Ansatz: Scheitelform der Parabelgleichung: $y = a(x - A)^2 + B$.

1. Parabelgleichung in Scheitelform

$$y = a(x-A)^2 + B \qquad | \, a=1,\ A=2,\ B=1 \text{ einsetzen}$$
$$y = 1\cdot(x-2)^2+1$$
$$y = (x-2)^2+1$$

2. Parabelgleichung in allgemeiner Form

$$y = (x-2)^2+1 \qquad | \text{ ausmultiplizieren (2. bin. Formel)}$$
$$y = x^2-4x+4+1$$
$$y = x^2-4x+5$$

Beispiel 2
Gegeben: Parabelgleichung in allgemeiner Form:
$$y = -2x^2+12x-17$$
Gesucht: 1. Parabelgleichung in Scheitelform
2. Skizze

Lösung

1. Parabelgleichung in Scheitelform

Wir dividieren zunächst durch –2, damit x^2 alleine steht und die quadratische Ergänzung mühelos vorgenommen werden kann:

$$y = -2x^2+12x-17 \qquad |:(-2)$$
$$\frac{y}{-2} = x^2-6x+8{,}5 \qquad |+3^2 \text{ (quadratische Ergänzung)}$$
$$\frac{y}{-2}+9 = x^2-6x+3^2+8{,}5 \qquad | \text{ 2. binomische Formel}$$
$$\frac{y}{-2}+9 = (x-3)^2+8{,}5 \qquad |-9$$
$$\frac{y}{-2} = (x-3)^2-0{,}5 \qquad |\cdot(-2)$$

$$y = -2(x-3)^2 + 1$$

2. Skizze der Parabel

Die Scheitelform der Parabel lautet:

$$y = -2(x-3)^2 + 1\,.$$

Durch Vergleich mit

$$y = a(x-A)^2 + B$$

folgt:

Öffnung: $a = -2$
(Die Parabel ist *schmal* und nach *unten* geöffnet.)

Scheitelpunkt: $(A \mid B) = (3 \mid 1)$

Daraus ergibt sich die Skizze:

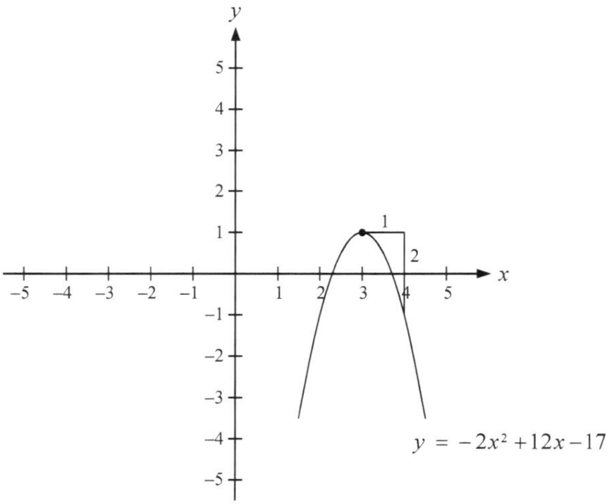

Wir betrachten im folgenden Beispiel eine Situation, die oft zu Missverständnissen und Fehlern verleitet.

Beispiel 3

Gegeben: Parabelgleichung in Scheitelform: $y = 3(x+2)^2 + 1$

Gesucht: Scheitelpunkt

Lösung

Die Parabelgleichung

$$y = 3(x+2)^2 + 1$$

liegt noch **nicht** ganz in der Scheitelform

$$y = a(x-A)^2 + B$$

vor, bei der eine **Differenz** in der Klammer steht.

Wir schreiben also die Summe $x+2$ als Differenz:

$$x+2 = x-(-2)$$

und erhalten so die wirkliche Scheitelform der Parabelgleichung:

$$y = 3\big(x-(-2)\big)^2 + 1\,.$$

Der Scheitelpunkt ist also:

$$(A \mid B) = (-2 \mid 1)\,.$$

Anmerkungen

Die vorangehenden Beispiele liefern wichtige Einsichten. Die allgemeine Parabelgleichung $y = ax^2 + bx + c$ lässt sich durch die quadratische Ergänzung in die Scheitelform bringen. Die Scheitelform $y = a(x-A)^2 + B$ enthält alle wichtigen geometrischen Informationen der Parabel, nämlich den Scheitelpunkt $(A \mid B)$ und die Öffnung a und erlaubt so eine qualitativ gute Skizze der Parabel. Die allgemeine Parabelgleichung enthält nur die Öffnung a und den Schnittpunkt c mit der y-Achse.

Parabelgleichungen im Überblick

Allgemeine Form der Parabelgleichung:

$$y = ax^2 + bx + c$$

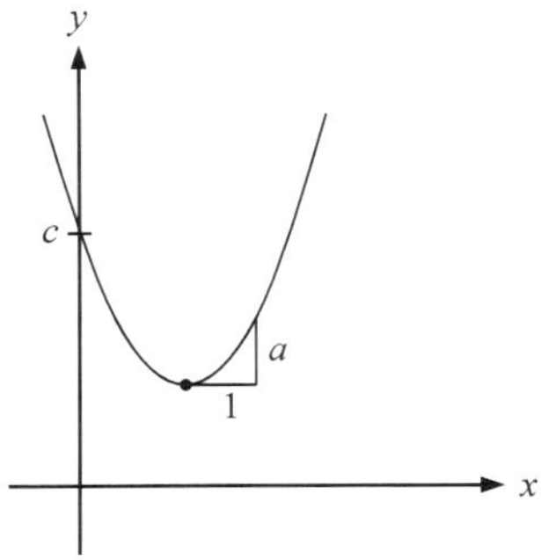

quadratische Ergänzung ↓ ↑ Ausmultiplizieren

Scheitelform der Parabelgleichung:

$$y = a(x - A)^2 + B$$

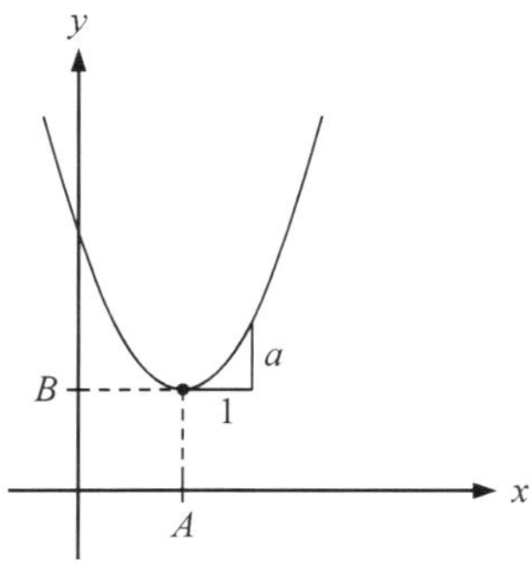

Anmerkung

Um zu sehen, dass die Parabel mit der Gleichung

$$y = ax^2 + bx + c$$

Die y-Achse bei c schneidet, muss man nur $x = 0$ einsetzen (wie bei den Geraden):

$$y = ax^2 + bx + c$$
$$y = a \cdot 0^2 + b \cdot 0 + c$$
$$y = 0 + 0 + c$$
$$y = c$$

Beispiele zum Ablesen des Scheitelpunktes

Oft sind es die einfachen Sonderfälle, die beim Ablesen des Scheitelpunktes aus der Scheitelform der Parabelgleichung Schwierigkeiten bereiten. Wir betrachten nun diese Sonderfälle.

Beispiel 4
Parabelgleichung: $y = 3(x-4)^2$.
Hier scheint das B zu fehlen, die Scheitelform also nicht vorzuliegen. Dies ändert sich, wenn man die Parabelgleichung anders schreibt und den Summanden 0 ergänzt:

$$y = 3(x-4)^2$$
$$y = 3(x-4)^2 + 0$$

Der Scheitelpunkt ist also $(4|0)$.

Beispiel 5
Parabelgleichung: $y = 3x^2 + 5$.
Hier scheint das A zu fehlen, die Scheitelform also nicht vorzuliegen. Dies ändert sich wieder, wenn man x also Differenz mit 0 schreibt:

$$y = 3x^2 + 5$$
$$y = 3(x-0)^2 + 5$$

Der Scheitelpunkt kann nun abgelesen werden: $(0|5)$.

Beispiel 6
Parabelgleichung: $y = 4x^2$.
Hier scheinen A und B zu fehlen, die Scheitelform also nicht

vorzuliegen. Ergänzen wir den Summanden 0 und schreiben x als Differenz mit 0, so ergibt sich:

$$y = 4x^2$$
$$y = 4(x-0)^2 + 0$$

Der Scheitelpunkt kann nun abgelesen werden: $(0|0)$. Der Scheitelpunkt der Parabel liegt im Koordinatenursprung.

Alternative Berechnung des Scheitelpunktes

Man kann die Symmetrie der Parabeln nutzen, um ihren Scheitelpunkt einfach zu berechnen.

Betrachte die allgemeine Parabelgleichung

$$y = ax^2 + bx + c\,.$$

Die Parabel sieht folgendermaßen aus:

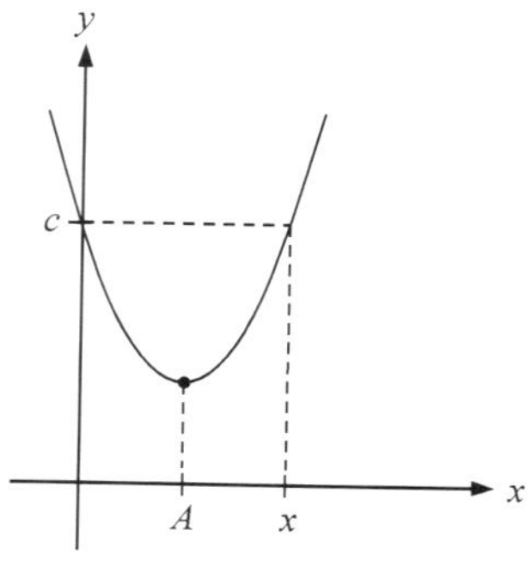

An der Links-rechts-Position 0 hat die Parabel die Höhe c. Aber auch an der mit x bezeichneten Stelle ist die Höhe c. Der Scheitelpunkt A liegt genau in der Mitte zwischen 0 und x. Wir berechnen nun diese Stelle x, indem wir c für y in die Parabelgleichung einsetzen:

$$\begin{aligned}
y &= ax^2 + bx + c && \mid y = c \text{ einsetzen} \\
c &= ax^2 + bx + c && \mid -c \\
0 &= ax^2 + bx && \mid : x \\
0 &= ax + b && \mid -b \\
-b &= ax && \mid : a \\
-\frac{b}{a} &= x
\end{aligned}$$

Der Mittelwert von x und 0 ist die Scheitelpunktskoordinate A:

$$A = \frac{1}{2}\left(-\frac{b}{a} + 0\right) = -\frac{b}{2a}.$$

Die y-Koordinate B des Scheitelpunktes berechnen wir durch einsetzen von

$$A = -\frac{b}{2a}$$

in die Parabelgleichung.

Beispiel 4
Gegeben: Parabelgleichung in allgemeiner Form:
$y = -2x^2 + 12x - 17$

Gesucht: Scheitelpunkt

Lösung

$$\begin{aligned}
y &= -2x^2 + 12x - 17 && \mid y = -17 \text{ einsetzen} \\
-17 &= -2x^2 + 12x - 17 && \mid +17 \\
0 &= -2x^2 + 12x && \mid : x \\
0 &= -2x + 12 && \mid +2x \\
2x &= 12 && \mid : 2 \\
x &= 6
\end{aligned}$$

Die x-Koordinate des Scheitelpunktes ist also: $A = \frac{0+6}{2} = 3$ Die zugehörige y- Koordinate B ist dann:

$$y = -2x^2 + 12x - 17 \qquad | \, x = 3 \text{ einsetzen}$$

$$y = -2 \cdot 3^2 + 12 \cdot 3 - 17 = -18 + 36 - 17 = 1$$

Der Scheitelpunkt ist also $(3|1)$.

4.5 Das Aufstellen von Parabelgleichungen

Beim Aufstellen der Parabelgleichung geht man wie bei den Geraden vor, als wir das Punkt-Steigungs-Problem und Zwei-Punkte-Problem gelöst haben. Die gegebenen Daten werden in die abstrakte Parabelgleichung eingesetzt, aus den sich ergebenden Gleichungen können die unbekannten Größen berechnet werden und man erhält die konkretisierte Parabelgleichung.

Als Ausgangspunkt nehmen wir dabei in der Regel die Parabelgleichung in allgemeiner Form:

$$y = ax^2 + bx + c\,.$$

Ist jedoch der *Scheitelpunkt* gegeben, so empfiehlt sich die Parabelgleichung in Scheitelform:

$$y = a(x - A)^2 + B\,.$$

Wir betrachten je ein Beispiel dazu.

Beispiel 1

Gegeben: Eine Parabel enthält die folgenden drei Punkte: $(3|0)$, $(-1|8)$ und $(2|-1)$.

Gesucht: Parabelgleichung

Lösung

Ansatz: Allgemeine Parabelgleichung: $y = ax^2 + bx + c$.

1. Setze die Koordinaten der gegebenen Punkte ein

$$\begin{aligned} & y = ax^2 + bx + c \\ (3|0): \quad & 0 = a \cdot 3^2 + b \cdot 3 + c \\ (-1|8): \quad & 8 = a \cdot (-1)^2 + b \cdot (-1) + c \\ (2|-1): \quad & -1 = a \cdot 2^2 + b \cdot 2 + c \end{aligned}$$

Gerechnet und schöner geschrieben:

$$\begin{aligned} 9a + 3b + c &= 0 \\ a - b + c &= 8 \\ 4a + 2b + c &= -1 \end{aligned}$$

Das ist ein lineares Gleichungssystem mit den drei Unbekannten a, b und c.

2. Löse das Gleichungssystem

a) Benutze die erste Gleichung, um c aus den nachfolgenden Gleichungen zu entfernen:

$$\begin{aligned} 9a + 3b + c &= 0 \\ a - b + c &= 8 \qquad | \, oben - unten \\ 8a + 4b &= -8 \end{aligned}$$

$$\begin{aligned} 9a + 3b + c &= 0 \\ 4a + 2b + c &= -1 \qquad | \, oben - unten \\ 5a + b &= 1 \end{aligned}$$

Also:

$$\begin{aligned} 8a + 4b &= -8 \\ 5a + b &= 1 \end{aligned}$$

Das ist ein *kleineres* lineares Gleichungssystem mit den zwei Unbekannten a und b.

b) Löse das kleine Gleichungssystem:

Entferne b:

$$\begin{aligned} 8a+4b &= -8 \\ 5a+b &= 1 \qquad |\cdot 4 \end{aligned}$$

$$\begin{aligned} 8a+4b &= -8 \\ 20a+4b &= 4 \qquad |\, unten-oben \end{aligned}$$

$$12a = 12 \qquad |:12$$

$$a = 1$$

Setze $a=1$ in die zweite kleine Gleichung ein:

$$\begin{aligned} 5a+b &= 1 \\ 5\cdot 1+b &= 1 \\ 5+b &= 1 \qquad |-5 \\ b &= -4 \end{aligned}$$

c) Setze $a=1$ und $b=-4$ in die erste große Gleichung ein:

$$\begin{aligned} 9a+3b+c &= 0 \\ 9\cdot 1+3\cdot(-4)+c &= 0 \\ 9-12+c &= 0 \\ -3+c &= 0 \qquad |+3 \\ c &= 3 \end{aligned}$$

Also insgesamt: $a=1$, $b=-4$ und $c=3$.

3. Parabelgleichung

Wir setzen $a=1$, $b=-4$ und $c=3$ in $y = ax^2+bx+c$ ein und bekommen die gesuchte Parabelgleichung:

$$y = x^2-4x+3$$

Beispiel 2

Gegeben: Parabel:
- Scheitelpunkt: $(2|1)$
- Schnittpunkt mit der y-Achse: $(0|3)$

Gesucht:
- Parabelgleichung
- Skizze

Lösung

Ansatz: Parabelgleichung in Scheitelform: $y = a(x-A)^2 + B$.

1. Setze die Koordinaten des Scheitelpunktes $(A \mid B) = (2|1)$ ***ein***

$$y = a(x-A)^2 + B$$
$$y = a(x-2)^2 + 1$$

2. Setze die Koordinaten des Punktes $(0|3)$ ***ein***

$$\begin{aligned} y &= a(x-2)^2 + 1 \\ 3 &= a(0-2)^2 + 1 \\ 3 &= 4a + 1 \qquad |-1 \\ 2 &= 4a \qquad |:4 \\ 0,5 &= a \\ a &= 0,5 \end{aligned}$$

3. Scheitelform der Parabelgleichung

Setze $a = 0,5$ ein:

$$y = a(x-2)^2 + 1$$
$$y = 0,5(x-2)^2 + 1$$

4. Allgemeine Form der Parabelgleichung

$$y = 0,5(x-2)^2 + 1 \qquad |\text{ 2. binomische Formel}$$
$$y = 0,5(x^2 - 4x + 4) + 1 \qquad |\text{ ausmultiplizieren}$$

$$y = 0,5x^2 - 2x + 2 + 1 \qquad | \text{ zusammenfassen}$$
$$y = 0,5x^2 - 2x + 3$$

5. Skizze

Der Punkt $(0|3)$ und der Scheitelpunkt $(2|1)$ sind gegeben. Aus der berechneten Öffnung von 0,5 und dem Scheitelpunkt $(2|1)$ ergibt sich der Punkt $(3\,|\,1,5)$. Da die Parabel symmetrisch ist, hat man noch die beiden Punkte $(4|3)$ und $(1\,|\,1,5)$. So erhält man die folgende Skizze:

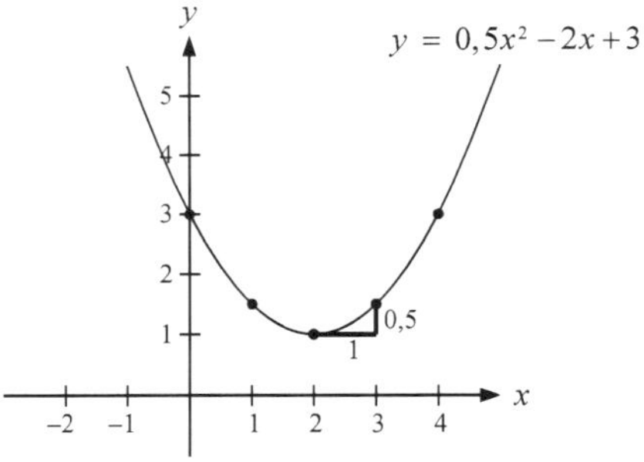

4.6 Schnittpunkte von Parabeln

An Hand von Beispielen betrachten wir die Schnittpunkte einer Parabel

- mit den Koordinatenachsen,
- mit einer Geraden,
- mit einer anderen Parabel.

Die nachstehenden Skizzen illustrieren diese drei zu behandeln Situationen:

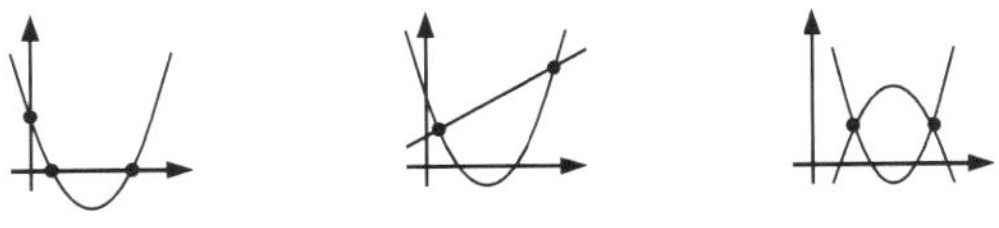

Dabei gehen wir wie bei den Schnittpunkten von Geraden vor. Anders ist lediglich, dass hier in der Regel *quadratische* Gleichungen zu lösen sind. Diese können zwei Lösungen haben, aber auch nur eine oder keine. Das spiegelt sich anschaulich in der Anzahl der Schnittpunkte wider.

Beispiel 1 (Parabel/Achsen)

Gegeben: Parabel: $y = 2x^2 - 8x + 6$

Gesucht: - Schnittpunkte mit der x-Achse (Nullstellen)
- Schnittpunkt mit der y-Achse

Lösung

1. Schnittpunkte der Parabel mit der x-Achse (Nullstellen)

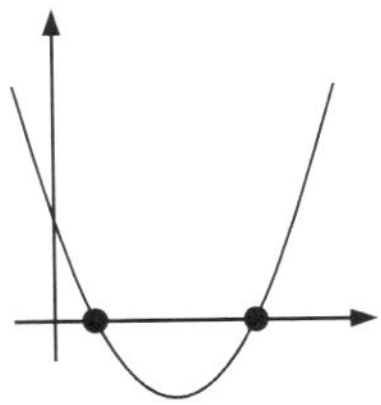

Wir suchen die Links-rechts-Positionen x, wo die Parabel die Höhenposition 0 hat (d.h. $y = 0$). Die Parabelgleichung verbindet die Höhenposition mit der Links-rechts-Position. Also muss man nur $y = 0$ einsetzen und nach x auflösen:

$$y = 2x^2 - 8x + 6 \qquad | \; y = 0 \text{ einsetzen}$$

$$0 = 2x^2 - 8x + 6 \qquad | : 2 \text{ (damit } x^2 \text{ alleine steht)}$$

$$0 = x^2 - 4x + 3$$

Diese quadratische Gleichung kann mit der p-q-Formel gelöst werden. Die quadratische Gleichung $x^2 + px + q = 0$ hat danach die Lösung:

$$x_{1/2} = -\frac{p}{2} \pm \sqrt{\left(\frac{p}{2}\right)^2 - q}$$

Bei unserer Gleichung ist $p = -4$ und $q = 3$, also:

$$\begin{aligned} x_{1/2} &= -\frac{-4}{2} \pm \sqrt{\left(\frac{-4}{2}\right)^2 - 3} \\ &= 2 \pm \sqrt{(-2)^2 - 3} \\ &= 2 \pm \sqrt{4 - 3} \\ &= 2 \pm 1 \qquad \text{| Fallunterscheidung} \\ x_1 &= 2 + 1 = 3 \\ x_2 &= 2 - 1 = 1 \end{aligned}$$

Also: $x_1 = 3$, $x_2 = 1$.

Die Parabel schneidet die x-Achse in den Punkten $(1|0)$ und $(3|0)$.

Anders gesagt:

Die Nullstellen der Parabel sind $x_1 = 3$ und $x_2 = 1$.

2. Schnittpunkt der Parabel mit der y-Achse

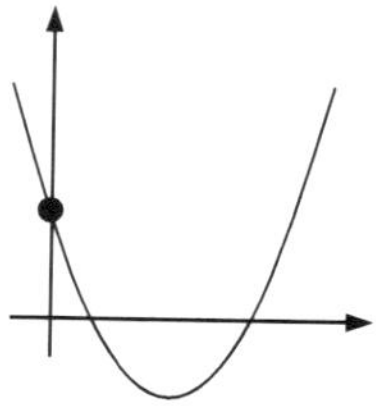

Weg 1: Setze $x = 0$ (Links-rechts-Position 0) ein:

$$y = 2x^2 - 8x + 6$$
$$y = 2 \cdot 0^2 - 8 \cdot 0 + 6$$
$$y = 0 - 0 + 6$$
$$y = 6 \qquad \text{(Es ist nur der Term ohne } x \text{ übrigeblieben.)}$$

Der Schnittpunkt der Parabel mit der y-Achse ist also $(0|6)$.

Weg 2: Ablesen

Die Parabelgleichung lautet: $y = 2x^2 - 8x + \mathbf{6}$
$$\uparrow$$

Der Term ohne x gibt den Schnittpunkt der Parabel mit der y-Achse an.

Die Parabel schneidet die y-Achse also bei $y = 6$ Der Schnittpunkt der Parabel mit der y-Achse ist $(0|6)$.

Beispiel 2 (Parabel/Gerade)

Gegeben: - Parabel: $y = x^2 - 4x + 3$
- Gerade: $y = x - 1$

Gesucht: Schnittpunkte von Parabel und Gerade

Lösung

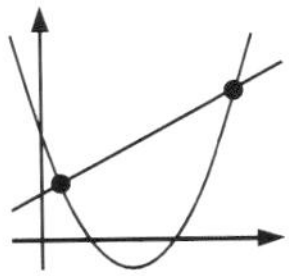

1. Berechne die x-Koordinaten der Schnittpunkte

In jeder Links-rechts-Positionen (x-Koordinate), wo ein Schnittpunkt vorliegt, haben beide Kurven die gleiche Höhe (y-Koordinate). Dies begründet unser praktisches Vorgehen:

Setze die beiden Gleichungen

$$y = x^2 - 4x + 3$$
$$y = x - 1$$

gleich:

$$x^2 - 4x + 3 = x - 1 \qquad | -x$$
$$x^2 - 5x + 3 = -1 \qquad | +1$$
$$x^2 - 5x + 4 = 0$$

Nun können wir die p-q-Formel anwenden:

$$x_{1/2} = -\frac{p}{2} \pm \sqrt{\left(\frac{p}{2}\right)^2 - q}$$
$$x_{1/2} = -\frac{-5}{2} \pm \sqrt{\left(\frac{-5}{2}\right)^2 - 4}$$
$$x_{1/2} = 2{,}5 \pm \sqrt{6{,}25 - 4}$$
$$x_{1/2} = 2{,}5 \pm 1{,}5 \qquad | \text{ Fallunterscheidung}$$
$$x_1 = 2{,}5 + 1{,}5 = 4$$
$$x_2 = 2{,}5 - 1{,}5 = 1$$

Also: $x_1 = 4$, $x_2 = 1$

2. Berechne die y-Koordinaten der Schnittpunkte

Setze die x-Koordinaten $x_1 = 4$, $x_2 = 1$ in die Geradengleichung ein (die einfacher ist als die Parabelgleichung):

$$y = x - 1.$$

Das ergibt:

$$y_1 = x_1 - 1 = 4 - 1 = 3$$
$$y_2 = x_2 - 1 = 1 - 1 = 0$$

Die Schnittpunkte sind also: $(4|3)$ und $(1|0)$.

Beispiel 3 (Parabel/ Parabel)

Gegeben: - Parabel: $y = x^2 - 4x + 4$

- Gerade: $y = -x^2 + 4x - 2$

Gesucht: Schnittpunkte der Parabel

Lösung

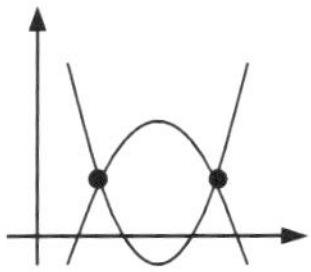

1. Berechne die x-Koordinaten der Schnittpunkte

Setze

$$y = x^2 - 4x + 4$$
$$y = -x^2 + 4x - 2$$

gleich:

$$x^2 - 4x + 4 = -x^2 + 4x - 2 \quad | +x^2$$
$$2x^2 - 4x + 4 = 4x - 2 \quad | -4x$$
$$2x^2 - 8x + 4 = -2 \quad | +2$$
$$2x^2 - 8x + 6 = 0 \quad | :2$$
$$x^2 - 4x + 3 = 0$$

Nun können wir die *p*-*q*-Formel anwenden:

$$x_{1/2} = -\frac{p}{2} \pm \sqrt{\left(\frac{p}{2}\right)^2 - q}$$

$$x_{1/2} = -\frac{-4}{2} \pm \sqrt{\left(\frac{-4}{2}\right)^2 - 3}$$

$$x_{1/2} = 2 \pm \sqrt{4 - 3}$$

$$x_{1/2} = 2 \pm 1 \quad | \text{Fallunterscheidung}$$

$$x_1 = 2+1 = 3$$
$$x_2 = 2-1 = 1$$

Also: $x_1 = 3$, $x_2 = 1$

2. Berechne die y-Koordinaten der Schnittpunkte

Setze die x-Koordinaten $x_1 = 3$, $x_2 = 1$ ein in

$$y = x^2 - 4x + 4.$$

Das ergibt:

$$y_1 = x_1^2 - 4x_1 + 4 = 3^2 - 4 \cdot 3 + 4 = 9 - 12 + 4 = 1$$
$$y_2 = x_2^2 - 4x_2 + 4 = 1^2 - 4 \cdot 1 + 4 = 1 - 4 + 4 = 1$$

Die Schnittpunkte sind also: $(3|1)$ und $(1|1)$.

4.7 Abstandsdefinition und Brennpunkt

Wir werden nun die Parabelgleichung aus der Abstandsdefinition herleiten. Dabei werden wir zugleich eine Beziehung zwischen der Öffnung und dem Brennpunkt einer Parabel erhalten.

Gegeben seien eine Gerade g (die Leitgerade) und ein Punkt P außerhalb der Geraden. Die zugehörige Parabel besteht aus allen Punkten, die gleich weit entfernt sind von P und g. Der Punkt P wird als Brennpunkt (oder Fokus) der Parabel bezeichnet.

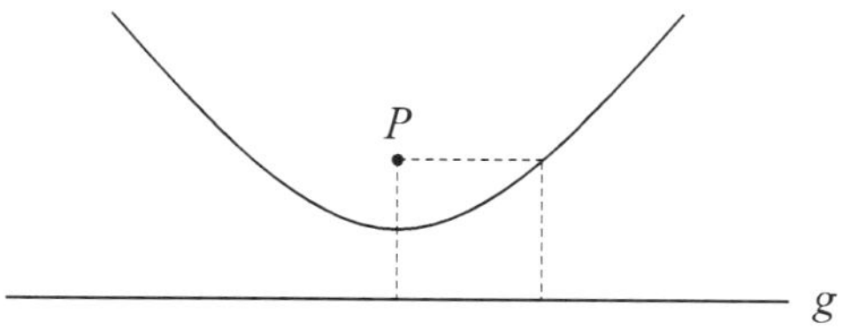

Wir wählen nun das Koordinatensystem so, dass der Scheitelpunkt der Parabel im Ursprung liegt:

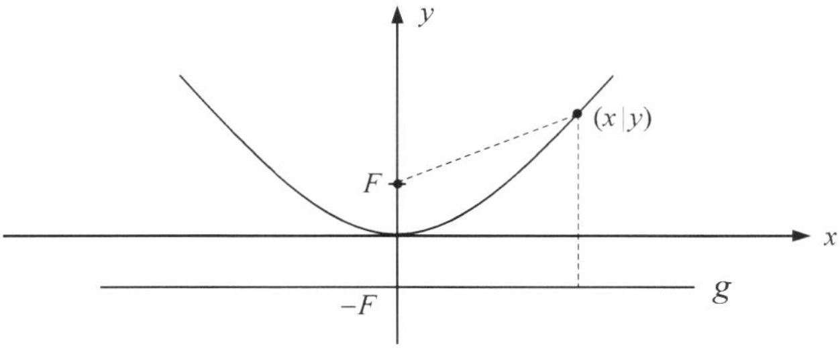

Der Scheitelpunkt liegt genau in der Mitte zwischen dem Brennpunkt $(0|F)$ auf der y-Achse und der Leitgeraden, die daher bei $-F$ durch die y-Achse geht. F wird als Brennweite bezeichnet.

Für den beliebigen Punkt $(x|y)$ auf der Parabel gilt nach der Abstandsdefinition:

Abstand zwischen $(x|y)$ und Brennpunkt $(0|F)$ =
Abstand zwischen $(x|y)$ und g

Also nach der Formel für den Abstand zwischen zwei Punkten aus Kapitel 3.7:

$$\sqrt{(x-0)^2+(y-F)^2} = y+F$$

Wir quadrieren die Gleichung und wenden die erste und zweite binomische Formel an:

$$\begin{aligned}(x-0)^2+(y-F)^2 &= (y+F)^2\\ x^2+y^2-2Fy+F^2 &= y^2+2Fy+F^2\end{aligned}$$

Nun heben sich y^2 und F^2 weg, es bleibt:

$$\begin{aligned} x^2 - 2Fy &= 2Fy \qquad |+2Fy \\ x^2 &= 4Fy \qquad |:(4F) \\ \frac{1}{4F}x^2 &= y \end{aligned}$$

Also liegt eine Parabel (in unserem quadratischen Sinne) vor:

$$y = \frac{1}{4F}x^2 .$$

Sie hat die Öffnung:

$$a = \frac{1}{4F} .$$

Wir lösen diese Beziehung nach F auf und erhalten eine Formel zur Berechnung der Brennweite:

$$F = \frac{1}{4a} .$$

Die Standard-Parabel $y = x^2$ ($a = 1$) hat daher die Brennweite:

$$F = \frac{1}{4} = 0,25 ,$$

d. h. der Brennpunkt hat einen Abstand von 0,25 zum Scheitelpunkt.

Aufgaben

Aufgaben zu Kapitel 4.1 bis 4.3

1. Zeichne die folgenden Parabeln:
a) $y = 0,25x^2$
b) $y = 1,5x^2$
c) $y = -0,5x^2$

Aufgaben zu Kapitel 4.4

2. Lies den Scheitelpunkt ab und skizziere die Parabeln:
a) $y = (x-3)^2 + 2$
b) $y = -2(x+1)^2 + 1$
c) $y = 0,5(x-3)^2 - 2$

3. Lies den Scheitelpunkt ab und skizziere die Parabeln:
a) $y = (x-3)^2$
b) $y = (x+1)^2$
c) $y = 0,5(x-3)^2$

4. Lies den Scheitelpunkt ab und skizziere die Parabeln:
a) $y = x^2 + 3$
b) $y = x^2 - 2$
c) $y = 0,5x^2 + 2$

5. Schreibe die Parabelgleichung in der Scheitelform, notiere den Scheitelpunkt und skizziere die Parabel:
a) $y = -x^2 + 4x - 3$
b) $y = x^2 - 4x + 5$
c) $y = -x^2 - 4x - 1$
d) $y = 2x^2 - 8x + 6$

6. Schreibe die Parabelgleichung in der Scheitelform, notiere den Scheitelpunkt und skizziere die Parabel:

a) $y = x^2 + 4x + 7$

b) $y = x^2 - 8x + 13$

c) $y = x^2 - 6x + 11$

d) $y = 0{,}5x^2 + x + 1$

7. Schreibe die Parabelgleichung in der Scheitelform, notiere den Scheitelpunkt und skizziere die Parabel:

a) $y = x^2 - 4x + 1$

b) $y = -0{,}5x^2 + x + 1$

c) $y = -x^2 - 3x - 1{,}25$

d) $y = 2x^2 - 4x + 0{,}5$

e) $y = 0{,}25x^2 + x - 2$

f) $y = \frac{1}{3}x^2 - \frac{2}{3}x + \frac{1}{3}$

Aufgaben zu Kapitel 4.5

8. Die Parabel $y = -x^2 + 6x - 6$ wird so verschoben, dass der Scheitelpunkt in $(-2|4)$ liegt. Bestimme die Parabelgleichung (allgemeine Form). Skizziere die Parabeln.

9. Welche Parabel hat den Scheitelpunkt $(-1|-1)$ und schneidet die y-Achse bei $y = 3$? Berechne die Schnittpunkte mit der x-Achse.

10. Welche Parabel geht durch die Punkte $(-1|8)$, $(2|-1)$ und $(4|3)$? Berechne ihren Scheitelpunkt und skizziere die Parabel.

11. Welche Parabel schneidet die x-Achse bei $x = -1$ und $x = 3$, und die y-Achse bei $y = 2$? Berechne ihren Scheitelpunkt und skizziere die Parabel.

12. Eine Parabel hat den Scheitelpunkt $(-2|-5)$ und schneidet die y-Achse bei $y=-1$. Bestimme die Parabelgleichung in allgemeiner Form und skizziere die Parabel.

Aufgaben zu Kapitel 4.6

13. Berechne die Schnittpunkte der Parabel mit der Geraden:
a) $y = x^2 - 2x + 2, \quad y = x + 2,$
b) $y = x^2 - 2x + 2, \quad y = 2x - 2$
c) $y = 3x^2 - 12x + 13, \quad y = x - 2$
d) $y = x^2 - 3x + 4, \quad y = x + 1$

14. Berechne die Schnittpunkte der beiden Parabeln:
a) $y = 2x^2 - 4x + 3, \quad y = 2x^2 - 12x + 19,$
b) $y = x^2 + 2, \quad y = 0{,}5x^2 - 2x + 4$
c) $y = x^2 - 6x + 10, \quad y = -x^2 + 6x - 6$
d) $y = x^2, \quad y = -x^2 + 4x - 2$
e) $y = 2x^2 - 4x + 3, \quad y = -2x^2 + 8x - 7$
f) $y = x^2 - x + 2, \quad y = -x^2 + 3x + 0{,}5$

15. Berechne die Schnittpunkte mit den Koordinatenachsen und den Scheitelpunkt:
a) $y = x^2 - 4x + 3$
b) $y = -x^2 - 2x + 3$
c) $y = 2x^2 - 8x$
d) $y = -\frac{2}{3}x^2 + \frac{4}{3}x + 2$

Aufgaben zu Kapitel 4.7

16. Berechne die Brennweite F und den Brennpunkt der Parabel:
a) $y = \frac{1}{8}x^2$ b) $y = x^2$ c) $y = \frac{1}{4}x^2 - x + 4$

Lösungen

Lösungen zu Kapitel 2: Koordinatensysteme und Punkte

1. a) 1. Quadrant: P_2, P_7, 2. Quadrant: P_4, 3. Quadrant: P_3, 4. Quadrant: P_5

   b) Oberhalb: P_1, P_2, P_4, P_7, unterhalb: P_3, P_5, P_8

   c) P_6

   d) P_1, P_8

   e) P_2, P_5, P_6, P_7

Lösungen zu Kapitel 3: Geraden

1.

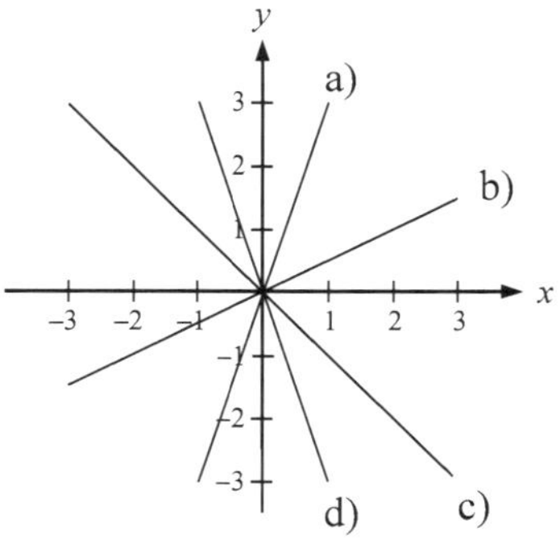

2. Siehe nächste Seite.
3. a)

   $(-3|-7)$: -7, $(-2|1)$: -5, $(-2|-5)$: -5, $(-2|-6)$: -5, $(1|-2)$: 1, $(1|4)$: 1, $(2|4)$: 3, $(2|0)$: 3, $(2|3)$: 3, $(0|1)$: -1, $(0|-1)$: -1

   b) $(-3|-7)$, $(-2|-5)$, $(2|3)$, $(0|-1)$

   c) $(-2|1)$, $(1|4)$, $(2|4)$, $(0|1)$

   d) $(-2|-6)$, $(1|-2)$, $(2|0)$

2.

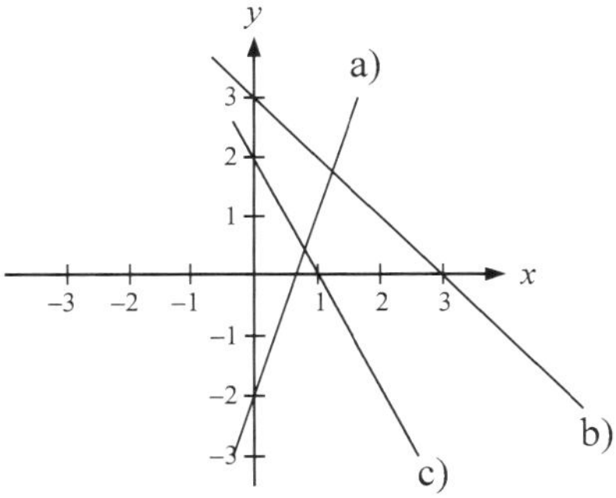

4. a) $y = 2x - 3$, b) $y = 0,5x + 1$, c) $y = -3x$, d) $y = -x - 4$
   e) $y = 2$ f) $y = 3x - 2$ g) $y = -3x + 6$

5. a) $y = -x + 3$, b) $y = x + 5$, c) $y = -2x + 3$, d) $y = 2x - 5$
   e) $y = 2x - 1$ f) $y = -0,5x + 2,5$ g) $y = 1,5x - 2,5$

6. a) $y = 2x - 4$, b) $y = -2x - 1$, c) $y = \frac{1}{3}x + \frac{2}{3}$

7. a) $y = 0,8x - 3,6$, b) $y = -\frac{5}{9}x - \frac{2}{9}$, c) $y = 0,75x + 1,75$

8. a) $y = x + 3$, b) $y = 4x - 2$, c) $y = -x + 3$, d) $y = 2,5x + 0,5$
   e) $y = -2x + 3$

9. a) $y = -3x - 1$, b) $y = 1,5x - 1$, c) $y = -3x + 6$, d) $y = 0,4x - 0,3$
   e) $y = 3,5x$, f) $y = 1,5$

10. $y = -1,5x + 3$

11. Nein. $(3|4)$ liegt nicht auf der Geraden $y = -3x + 6$.

12. a) $(2|0)$, $(0|-1)$, b) $(5|0)$, $(0|5)$, c) $(4|1)$

13. $(5|4)$

14. $(2|-2)$

15. $(\frac{15}{7}|\frac{18}{7})$

16. $(1,5|0)$

17. $y = -3x + 17$, $(5\frac{2}{3}|0)$, $(0|17)$

18. $y = -0,5x + 4,5$, $(9|0)$, $(0|4,5)$

19. $(-6|1)$, $(-8|0)$, $(0|4)$

20. $(1{,}44|2{,}92)$

21. a) $\sqrt{65} \approx 8{,}06$, b) $\sqrt{45} \approx 6{,}71$, c) $\sqrt{5} \approx 7{,}07$

22. $a = 2$, Abstand: $\frac{2}{\sqrt{5}} \approx 0{,}89$

23. $\frac{4}{\sqrt{5}} \approx 1{,}79$

24. $\frac{14}{\sqrt{5}} \approx 6{,}26$

25. $y = 0{,}5x + 3\sqrt{1{,}25} + 1$ oder $y = 0{,}5x + 4{,}35\ldots$

Lösungen zu Kapitel 4: Parabeln

1.

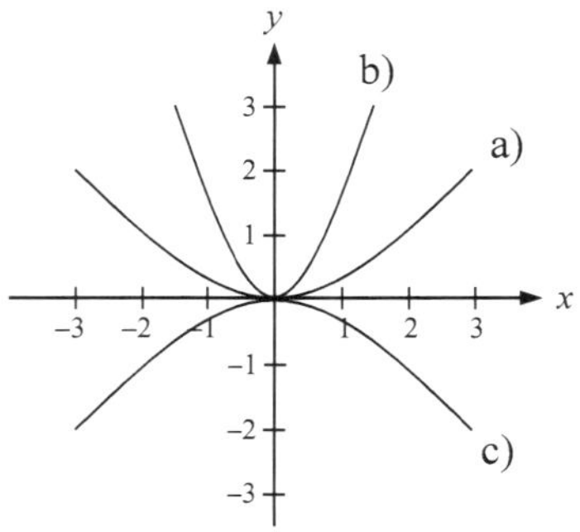

2. a) $(3|2)$, b) $(-1|1)$, c) $(3|-2)$

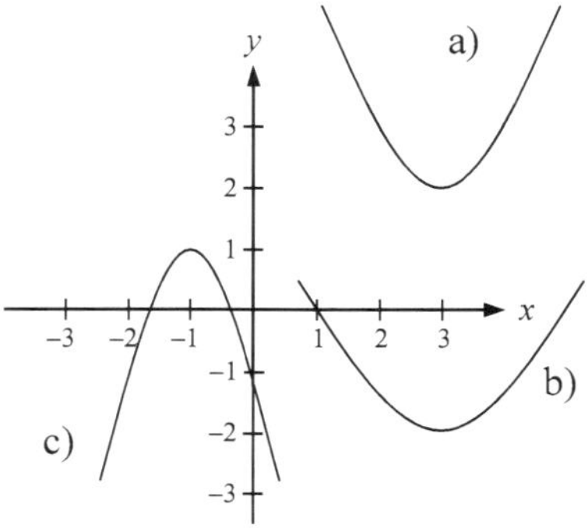

3. a) $(3|0)$, b) $(-1|0)$, c) $(3|0)$

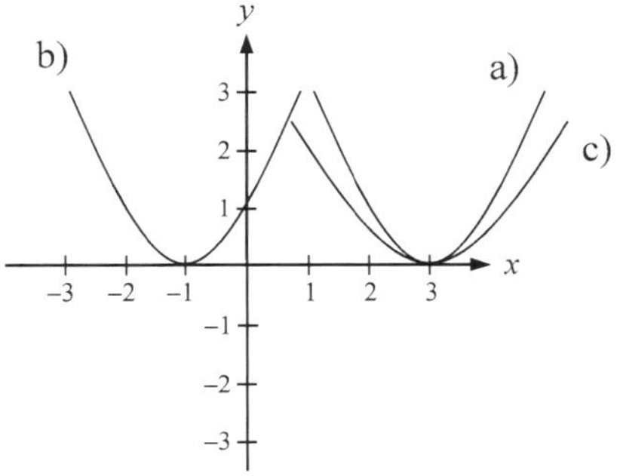

4. a) $(0|3)$, b) $(0|-2)$, c) $(0|2)$

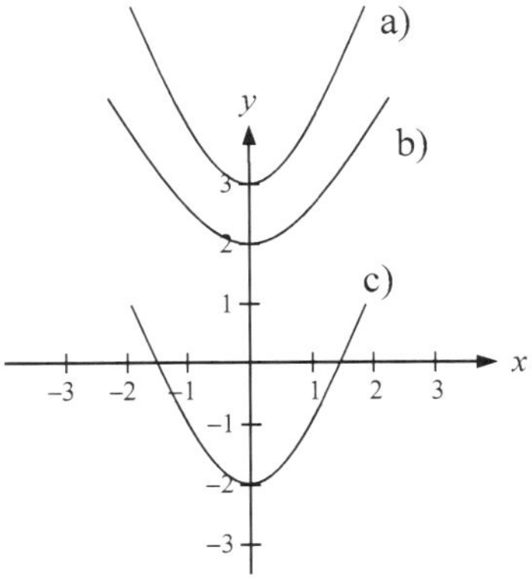

5. a) $y=-(x-2)^2+1$, $(2|1)$, b) $y=(x-2)^2+1$, $(2|1)$,
c) $y=-(x+2)^2+3$, $(-2|3)$, d) $y=2(x-2)^2-2$, $(2|-2)$

6. a) $y=(x+2)^2+3$, $(-2|3)$, b) $y=(x-4)^2-3$, $(4|-3)$,
c) $y=(x-3)^2+2$, $(3|2)$, d) $y=0,5(x+1)^2+0,5$,
$(-1|0,5)$

7. a) $y=(x-2)^2-3$, $(2|-3)$, b) $y=-0,5(x-1)^2+1,5$,
$(1|1,5)$, c) $y=-(x+1,5)^2+1$, $(-1,5|1)$, d)

$y = 2(x-1)^2 - 1{,}5$, $(1|-1{,}5)$, e) $y = 0{,}25(x+2)^2 + 3$, $(-2|3)$, f) $y = \frac{1}{3}(x-1)^2$, $(1|0)$

8. $y = -x^2 - 4x$
9. $y = 4x^2 + 8x + 3$, $(0|-0{,}5)$, $(0|-1{,}5)$
10. $y = x^2 - 4x + 3$, $(2|-1)$
11. $y = -\frac{2}{3}x^2 + \frac{4}{3}x + 2$, $(1|\frac{4}{3})$

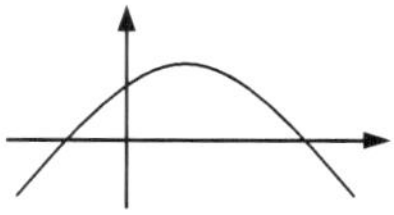

12. $y = x^2 + 4x - 1$
13. a) $(0|2), (3|5)$, b) $(2|2)$, c) kein Schnittpunkt, d) $(3|4), (1|1)$
14. a) $(2|3)$, b) ca. $(0{,}83|2{,}69)$, $(-4{,}83|25{,}31)$, c) $(2|2), (4|2)$, d) $(1|1)$, e) kein Schnittpunkt, f) $(1{,}5|2{,}75), (0{,}5|1{,}75)$
15. a) $(1|0)$, $(3|0)$, $(0|3)$, $(2|-1)$, b) $(-3|0)$, $(1|0)$, $(0|3)$, $(-1|4)$, c) $(0|0)$, $(4|0)$, $(0|0)$, $(2|-8)$, d) $(-1|0)$, $(3|0)$, $(0|2)$, $(1|2\frac{2}{3})$
16. a) $F = 2$, $(0|2)$, b) $F = 0{,}25$, $(0|0{,}25)$, c) $F = 1$, $(2|4)$

Anhang: Zusammenfassung

Gerade und Geradengleichung

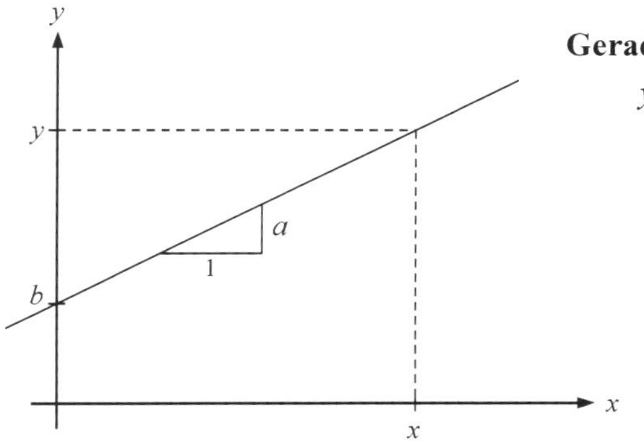

Geradengleichung

$$y = ax + b$$

a: Steigung, b: Schnittpunkt mit der y-Achse

Punkt-Steigungs-Form der Geradegleichung

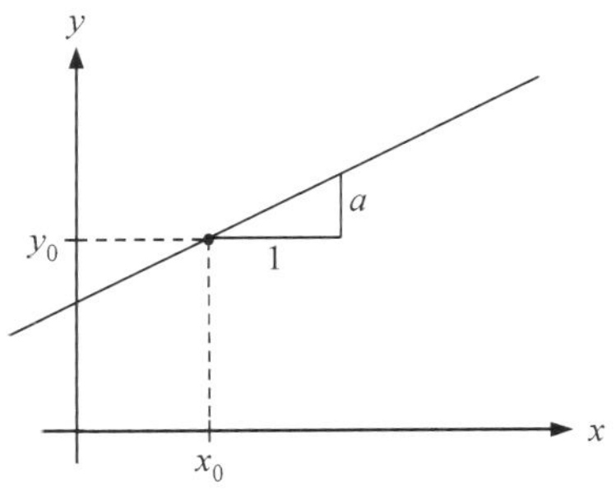

$$y = a(x - x_0) + y_0$$

a: Steigung, $(x_0 \mid y_0)$: Punkt auf der Geraden

Zwei-Punkte-Form der Geradengleichung

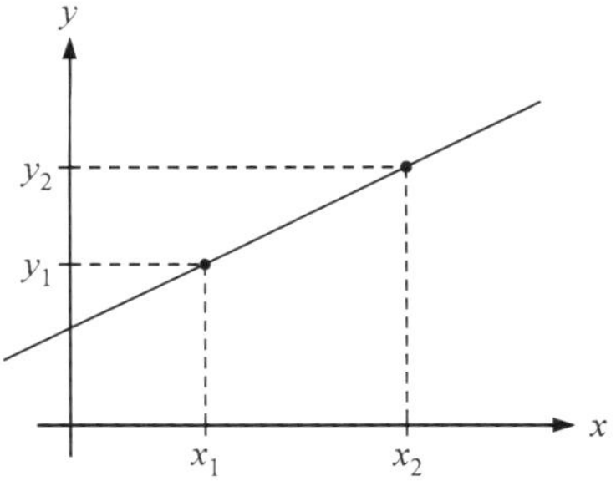

$$y = \frac{y_2 - y_1}{x_2 - x_1}(x - x_1) + y_1$$

Hierbei ist die Steigung $a = \frac{y_2 - y_1}{x_2 - x_1}$

Parallele Geraden

$$\left.\begin{array}{l} y = a_1 x + b_1 \\ y = a_2 x + b_2 \end{array}\right\} \text{parallel} \iff a_1 = a_2$$

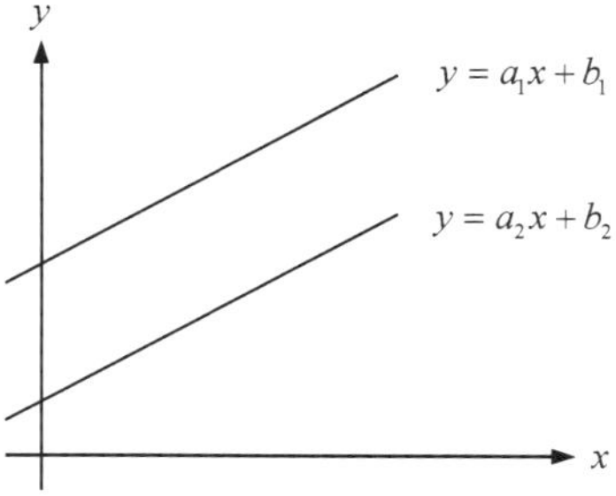

Senkrechte Geraden

$$\left.\begin{aligned} y &= a_1 x + b_1 \\ y &= a_2 x + b_2 \end{aligned}\right\} \text{ senkrecht } \iff a_2 = -\frac{1}{a_1}$$

$$\left[\text{Oder: } a_1 \cdot a_2 = -1\right]$$

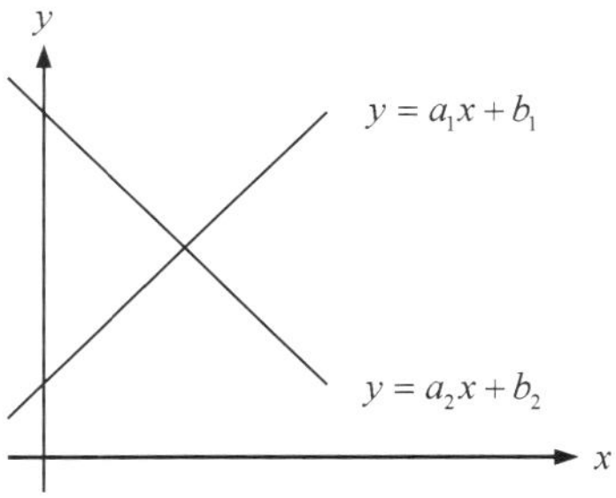

Abstand zweier Punkte

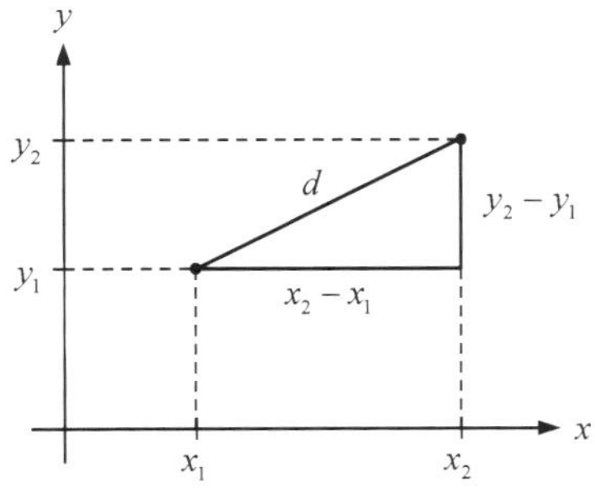

$$d = \sqrt{(x_2 - x_1)^2 + (y_2 - y_1)^2}$$

Abstand paralleler Geraden

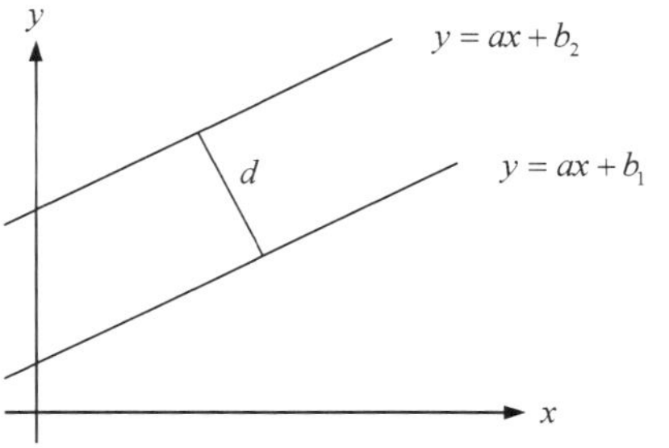

$$d = \frac{|b_2 - b_1|}{\sqrt{1 + a^2}}$$

Abstand zwischen Punkt und Geraden

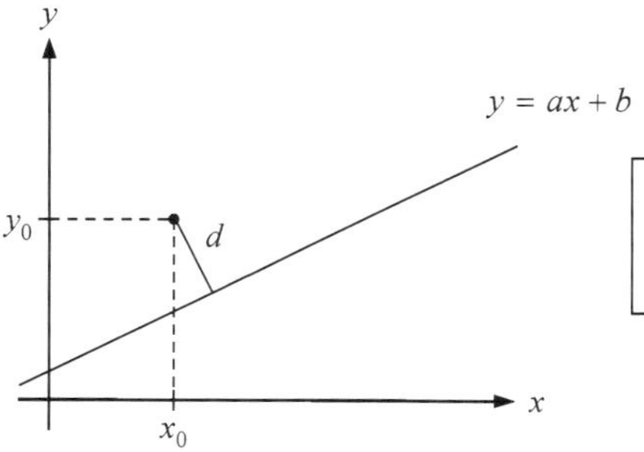

$$d = \frac{|ax_0 + b - y_0|}{\sqrt{1 + a^2}}$$

Parabelgleichungen im Überblick

Allgemeine Form der Parabelgleichung:

$$y = ax^2 + bx + c$$

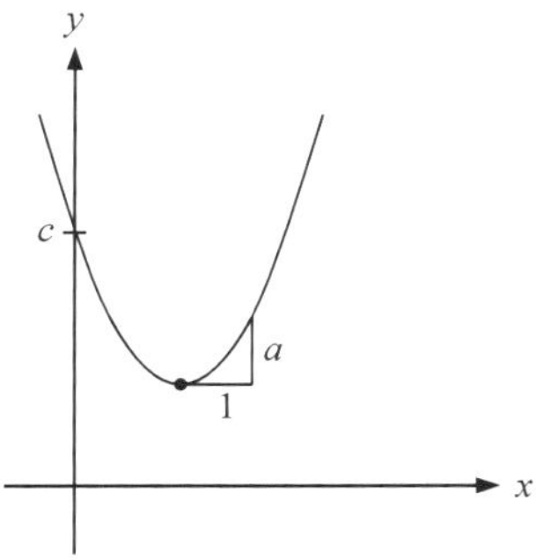

↓ quadratische Ergänzung

↑ Ausmultiplizieren

Scheitelform der Parabelgleichung:

$$y = a(x - A)^2 + B$$

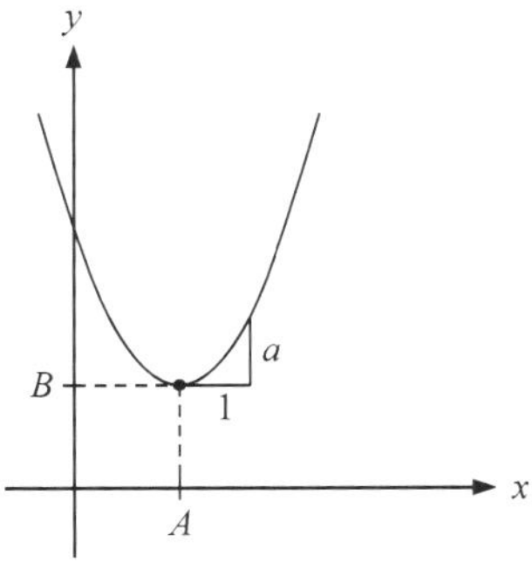

Abstandsdefinition und Brennpunkt der Parabel

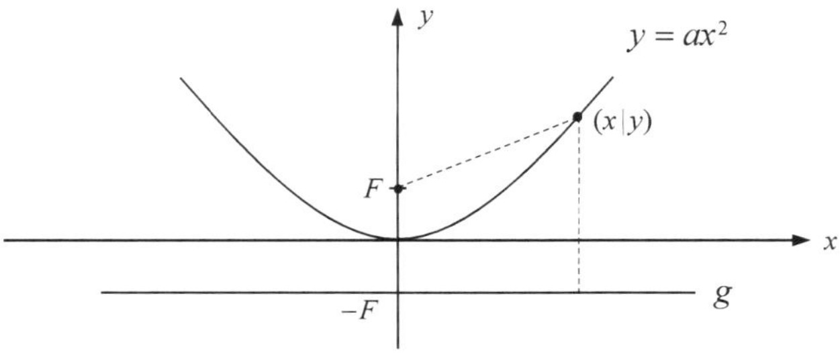

Brennweite: $F = \dfrac{1}{4a}$